James D. Watson

Die Doppel-Helix

Ein persönlicher Bericht über
die Entdeckung der DNS-Struktur

Deutsch von

Mit einer Ei[illegible]rung
von Prof. Dr. Heinz Haber

rororo
Rowohlt

rororo science
Lektorat Jens Petersen

Die Originalausgabe erschien bei Weidenfeld and Nicolson, London
unter dem Titel «The Double Helix»
Umschlaggestaltung Barbara Hanke

88.–97. Tausend März 1993

Neuausgabe
Veröffentlicht im Rowohlt Taschenbuch Verlag GmbH,
Reinbek bei Hamburg, Februar 1973

Gesamtherstellung Clausen & Bosse, Leck
Printed in Germany
990-ISBN 3 499 19570 4

Für Naomi Mitchison

Einführung
von Heinz Haber

Haben Sie schon einmal eine Schallplatte, am besten eine Langspielplatte, schräg in das Sonnenlicht gehalten und sich das Licht ins Auge spiegeln lassen? Dann wird Ihnen bestimmt aufgefallen sein, daß die Sonnenstrahlen von den feinen Rillen in der Platte «gebeugt» werden und ein buntes Farbenmuster mit allen Regenbogenfarben erzeugen. Haben Sie schon einmal ein Puzzle-Spiel zusammengesetzt? Solche Spiele gibt es in den verschiedensten Formen; die Aufgabe besteht darin, Steine von verschiedener Größe und Form und mit verschiedenen Details auf ihrer Oberfläche so zusammenzufügen, daß ein geschlossenes Muster entsteht, bei dem die einzelnen Steine ihre Eigenart dem Endprodukt zwar unterordnen, diese jedoch individuell nicht verlieren. Wenn man dann das Endprodukt als Ganzes überschaut, so erkennt man eine lückenlose Einheit; bei näherer Betrachtung jedoch zeigt jeder Stein noch immer seine typische Eigenart.

Wenn Ihnen diese beiden Vorgänge vertraut sind, dann besitzen Sie bereits die Voraussetzungen, den Inhalt dieses großartigen Buches zu begreifen. In vieler Hinsicht ist der Bericht des Nobelpreisträgers James D. Watson mit dem Titel *‹Die Doppel-Helix›* sehr bemerkenswert. Ich bin dem Rowohlt Verlag sehr dankbar, daß er mir die Gelegenheit gegeben hat, Sie in dieses Buch einzuführen.

Was hat es nun mit diesen beiden Voraussetzungen für eine Bewandtnis? Beginnen wir mit der Schallplatte. Das natürliche Licht, wie es uns von der Sonne und den meisten unserer künstlichen Lichtquellen zugestrahlt wird, besteht ja aus einem Gemisch von winzigen Wellen. Die einzelnen Farben, die im Licht enthalten sind, unterscheiden sich physikalisch durch ihre Wellenlange, wobei das «rote» Licht eine Wellenlänge hat, die etwa doppelt so groß ist wie die Wellenlänge des violetten Lichtes. Die anderen Farben des Regenbogens – das heißt orange, gelb, grün und blau – liegen dazwischen. Die Farben sind nur Sinneseindrücke. Wenn eine Lichtwelle von bestimmter Länge unsere Netzhaut trifft, so löst sie die Empfindung einer bestimmten Farbe aus.

Das ist das, was wir bei einer Langspielplatte im Sonnenlicht erkennen. Die verschiedenen Wellenlängen des Lichtes, die im Sonnenlicht stecken, treten nun wechselseitig mit den feinen Rillen der Langspielplatte in Beziehung. Sie werden – wie der Physiker sagt – gebeugt. Die Regelmäßigkeit der Lichtwellenlängen reagiert mit der Regelmäßigkeit der Rillen in der Langspielplatte in der Weise, daß die Lichtwellen mit verschiedenen Längen in verschiedene Richtungen abgelenkt werden. Physiker haben diese Erscheinung schon seit langem benutzt, um mit einem regelmäßigen, sehr engen Muster von Rillen das Licht zu zerlegen, und sie haben die Erscheinung der Lichtbeugung benutzt, um Lichtwellenlängen zu messen.

Wie immer in der Wissenschaft kann man jedoch auch dieses Verfahren umkehren. Wenn man also bereits weiß, welche Wellenlängen ein Lichtstrahl enthält, dann kann man die Erscheinung der Lichtbeugung dazu benutzen, um das Muster einer Anordnung von Rillen zu vermessen, auch wenn es so klein ist, daß man es mit einem Mikroskop nicht auflösen kann.

Auf dieser Überlegung beruht ein genialer Trick, der von dem englischen Physiker Bragg bei der Erforschung des Aufbaus von Kristallen benutzt worden ist. Kristalle sind ja regelmäßig geformte Körper, in denen die Atombausteine wie bei einem Gitter regelmäßig angeordnet sind. Wenn man einen solchen Kristall mit einem geeigneten Lichtstrahl bescheint, dann tritt die sogenannte Beugung des Lichtes in Erscheinung, und aus der Richtung der gebeugten Lichtstrahlen kann man dann hinterher ablesen, wie weit die einzelnen Atome im Gefüge des Kristalls voneinander abstehen und wie sie angeordnet sind.

Nun haben wir bisher nur von Licht gesprochen. Die Rillen in einer Langspielplatte stehen zwar sehr dicht beieinander; im Maßstab der Atome jedoch bilden sie ein sehr grobes Muster. Der Rillenabstand muß allerdings wenigstens einigermaßen der Wellenlänge des Lichtes entsprechen, wenn eine Beugung, das heißt eine Zerlegung in die Farben, stattfinden soll. Bei einer Schallplatte bilden die Rillen etwa einen Abstand von knapp einem Zehntelmillimeter. Die Wellenlängen des sichtbaren Lichtes betragen jedoch nur einige Zehntausendstelmillimeter. Eine Beugung des Lichtes ist unter diesen Umständen gerade noch möglich. Kehren wir nun zu dem Kristall zurück. Die Abstände zwischen den einzelnen Atomen betragen dabei nur einige

Zehnmillionstelmillimeter, so daß also das grobe Licht an einer solchen Struktur nicht gebeugt werden kann. Dazu benötigt man eine Strahlung, deren Wellenlänge einige tausendmal kürzer ist als die Wellenlänge des Lichtes. Solche Strahlen gibt es – es sind die Röntgenstrahlen. Und das war das Verfahren, das dem englischen Wissenschaftler Bragg den Nobelpreis eingebracht hat. Er hat die Struktur von Kristallen mit Hilfe von Röntgenstrahlen bereits bekannter Wellenlängen ergründet. Ein Röntgenstrahl, der einen Kristall trifft, erzeugt dahinter auf einer fotografischen Platte ein Muster von schwarzen Flecken. Nun muß man natürlich ein wenig rechnen, um aus der Verteilung dieser Beugungsmuster auf die Abstände der Atome im Innern des Kristalls und auf ihre Anordnung rückschließen zu können. So ist es kein Wunder, daß eine der hervorragendsten Entdeckungen unseres Jahrhunderts – nämlich die Aufklärung der Struktur der wichtigsten Lebenssubstanz – in dem berühmten Cavendish-Laboratorium in England gelang, dessen damaliger Direktor Sir Lawrence Bragg war.

Es war schon seit längerem bekannt, daß man dem Geheimnis des Lebens auf die Spur kommen könne, wenn man die Struktur jener chemischen Substanzen endlich begriffe, die im Kern einer lebenden Zelle zusammengeballt sind. Im chemischen Sinne waren sie Säuren. Da sie im Kern der Zelle zu finden waren, nannte man sie Nukleinsäuren. (Von dem lateinischen Wort nucleus = Kern.) In vielen Laboratorien auf der ganzen Welt hat man die Bausteine dieser Nukleinsäuren ermittelt. So wußte man, daß sie im wesentlichen aus drei verschiedenen Grundbausteinen aufgebaut sein mußten: aus Zuckermolekülen besonderer Art, aus Phosphorsäuren und aus organischen Basen. Diese organischen Basen stellten sich als die Schlüsselsubstanzen heraus, deren Vorkommen in den Nukleinsäuren von vielen Chemikern ergründet worden war. Es drehte sich dabei um die vier Basen: Adenin, Guanin, Cytosin und Thymin. Aber die Anordnung dieses riesigen Puzzle-Spiels war völlig unbekannt.

Und jetzt verstehen wir auch den zweiten Teil unserer Parabel. Die chemische Struktur der Bestandteile einer Nukleinsäure war wohl bekannt, und die Beugung des Röntgenlichtes an diesen einzelnen Substanzen hat den Chemikern Hilfe geleistet, Modelle der einzelnen Bausteine zu entwerfen. So wußte man zum Beispiel, daß diese vier kritischen Basen aus einfachen und doppelten Ringen bestanden, in denen Kohlenstoff- und Stickstoffatome sich zu geometrisch einfachen Figuren zusammenfanden. Auch waren die Abstände zwischen diesen Atomen, das heißt der Bauplan der Moleküle mit ihren Dimensionen, bekannt.

Was Watson hier in seinem Buch beschreibt, ist die Lösung dieser Aufgabe: Wie finden sich diese Bausteine, das heißt die Steine des Puzzle-Spiels, zueinander, daß daraus eine Nukleinsäure konstruiert werden kann. Wie bei jedem Puzzle-Spiel mußte die Lösung eine ganze Reihe von Bedingungen erfüllen. Die einzelnen Bausteine mußten mit ihrer Form und mit ihrer räumlichen Anordnung zueinander passen, so daß sie ein geschlossenes, chemisch mögliches Gebilde formten. Gleichzeitig – und das war der Kern des Problems – mußte ein biologisches Prinzip möglich gemacht werden: die Zellteilung. Die Struktur mußte so beschaffen sein, daß sie eine Art von Zwillingscharakter hatte, also teilbar war und sich selbst auch reproduzieren konnte. Das heißt: jedes Teilstück mußte imstande sein, entsprechend dem Charakter seiner Struktur zusätzliche Bausteine an sich zu ziehen, und zwar so, daß hinterher dieselbe Struktur wie vor der Teilung in doppelter Ausgabe vorhanden war.

Vielleicht habe ich mit diesen Hinweisen der Story dieses schönen Buches schon zu weit vorausgegriffen. Wenn Sie es lesen, werden Sie selbst sehen, worum es sich dreht. Durch die Braggsche Methode war es gelungen, Größe und Form der bekannten Bausteine zu ermitteln. Es war dann noch ein Puzzle-Spiel, die Bausteine so zusammenzufügen, daß ihre Struktur chemisch sinnvoll war und daß sie die biologischen Fähigkeiten in sich trugen.

Es ist in der modernen Wissenschaft und Literatur eine Seltenheit, daß uns ein Wissenschaftler nicht nur über die Ergebnisse seiner Arbeit berichtet, sondern daß er auch das schöpferische Erlebnis beschreibt. So etwas ist heute sehr selten. Wenn überhaupt über moderne wissenschaftliche Erkenntnisse heute geschrieben wird, dann geschieht dies zumeist in der Form von wissenschaftlichen Fachartikeln, die nur dem Eingeweihten etwas sagen. Es wird immer nur über die Ergebnisse berichtet. Der schöpferische Vorgang, die geistige Leistung jedoch, das emotionelle Engagement des Forschers – das wird immer mit Stillschweigen übergangen. Dieses Buch jedoch gibt Ihnen einen Einblick, wie eine fundamentale Erkenntnis durch einen Forscher gewonnen wurde. Jeder Forscher ist ja auch ein Mensch, und die Motive für seine Arbeit, seine Irrwege und sein möglicher Erfolg sind Ausdruck seines menschlichen Strebens. Er sucht die Lösung, weil sie ihn fasziniert. Gleichzeitig aber reizt ihn auch die Anerkennung, die mit der Erreichung des Ziels verbunden ist. Das ist das, was dieses Buch so schön macht. Ein junger Wissenschaftler – ein Twen noch –, kurz nach seiner Promotion, verschreibt sich einer Aufgabe; er findet einen genialen Mitarbeiter, den er auch so herrlich menschlich schildert; mit typisch angelsächsischer Bescheidenheit gegenüber seiner eigenen Leistung schildert er seine Irrwege; die Beiträge seiner Kollegen erkennt er an, stellt sie aber an entscheidenden Punkten in Frage; seinen eigenen menschlichen Nöten, zugleich aber auch dem Vertrauen auf seine eigenen Ideen gibt er Raum. Das ist das, was uns in der Wissenschaft und Literatur schon seit ein paar Jahrzehnten gefehlt hat: ein Bekenntnis zu den Niederlagen und zu den Triumphen, die zu jedem echten kreativen Prozeß gehören. Seit Kepler und Newton, seit Humboldt und Helmholtz haben wir ein solches herrliches Bekenntnis zur Arbeit eines schöpferischen Genies kaum mehr gehabt.

Wenn Sie sich die Mühe gemacht haben, den ersten Teil dieser Einführung durchzulesen, dann werden Sie bestimmt verstanden haben, mit welchen Voraussetzungen Watson an seine Aufgabe heranging. Es ist wunderbar, wie er seinem Kollegen Maurice Wilkins, der mit ihm zusammen den Nobelpreis erhielt, ein Denkmal setzt. Großartig auch, wie er sich zu dem Altmeister der Molekularbiologie, dem doppelten Nobelpreisträger Linus Pauling, bekennt. Seine Haß-Liebe zu der genialen Wissenschaftlerin Rosalind Franklin ist ein Kontrapunkt seiner Geschichte. Maurice Wilkins und Rosalind Franklin haben ihm jene Unterlagen verschafft, die mit einer präzisen Anwendung der Braggschen Methode der Röntgenstrahlen zur Lösung seines Problems unerläßlich waren. Mit ihnen hat er gestritten. In einer erregten Diskussion mit Rosy war sie nahe daran, ihm Ohrfeigen anzubieten. Das ist alles so menschlich, und wir müssen Watson danken, daß er uns in seinem Bericht das nicht verschwiegen hat.

Das Porträt seines engsten Mitarbeiters Francis Crick ist bestimmt das Schönste an diesem Buch. Wie er ihn beschreibt – immerzu redend, lauthals –, da schildert er uns so richtig, daß auch Genies in der Wissenschaft Menschen sind. Jeder, der etwas von Physik versteht, kann abschätzen, daß Crick mit seinen Rechnungen über die Beugung des Lichtes an spiralförmigen Molekülstrukturen keine leichte Aufgabe hatte. Mit Recht ist daher die Entdeckung der DNS mit den Namen Watson *und* Crick verbunden. Großartig auch, wie Watson mit den Modellen der vier Basen herumbastelt, geradeso als ob er ein lediglich unterhaltsames Puzzle-Spiel lösen wolle.

Wie dem auch sei, das vorliegende Buch ist in zweierlei Hinsicht einmalig. Es beschreibt, wie die Lösung eines großen Rätsels gelang. Seit der Arbeit von Watson und Crick wissen wir, daß das entscheidende Molekül der Lebenssubstanz wie eine Doppel-Helix gebaut ist, deren Struktur uns die Zellteilung und das Wesen der Vererbung verstehen läßt. Zum zweiten zeigt es, welche Emotionen und Erlebnisse bei einer wirklich schöpferischen Leistung beteiligt sind.

Mehr möchte ich dazu nicht sagen, um Ihnen den Genuß dieses Buches nicht zu verderben.

H. H.

Vorwort
von Sir Lawrence Bragg

Diese Darstellung der Ereignisse, die zur Aufdeckung der Struktur der DNS, des grundlegenden genetischen Materials, führten, ist in verschiedener Hinsicht einzigartig. Ich freute mich darum sehr, als Watson mich bat, das Vorwort zu schreiben.

Da ist in erster Linie ihre wissenschaftliche Bedeutung. Die Entdekkung der Struktur durch Crick und Watson, mit all ihren Folgen für die Biologie, war eines der größten wissenschaftlichen Ereignisse unseres Jahrhunderts. Die Zahl der Forschungsarbeiten, zu denen sie anregte, ist geradezu verblüffend. Sie bewirkte in der Biochemie eine Revolution, die diese Wissenschaft völlig umgewandelt hat. Ich gehöre zu denen, die den Autor gedrängt haben, seine Erinnerungen niederzuschreiben, solange sie ihm noch frisch im Gedächtnis waren; denn ich wußte, welch wertvollen Beitrag zur Geschichte der Naturwissenschaft sie darstellen würden.

Das Ergebnis hat alle meine Erwartungen übertroffen. Die letzten Kapitel namentlich, in denen die Geburt der neuen Idee so lebendig beschrieben wird, sind ein Drama von höchstem Rang; die Spannung wächst und wächst, bis sie gegen Ende den Höhepunkt erreicht. Ich wüßte kein anderes Beispiel zu nennen, wo man so unmittelbar an den Kämpfen und Zweifeln und an dem schließlichen Triumph eines Forschers teilnehmen könnte.

Außerdem aber zeigt diese Geschichte auf ergreifende Weise, vor welches Dilemma ein Forscher gestellt werden kann. Er weiß, daß einer seiner Kollegen jahrelang an einem Problem gearbeitet und eine Menge mühsam gewonnenen Beweismaterials angehäuft hat, ohne es jedoch zu veröffentlichen, weil anzunehmen ist, daß der Erfolg nicht mehr lange auf sich warten läßt. Er hat dieses Material gesehen und hat guten Grund zu glauben, daß seine eigene Methode, die Sache anzupacken – vielleicht nur ein neuer Gesichtspunkt, von dem aus er die Dinge sieht –, unmittelbar zu der richtigen Lösung führen wird. Böte er in diesem Stadium seine Mitarbeit an, würde das sicher als beleidigend empfunden werden. Soll er auf eigene Faust vorgehen?

Es ist nicht leicht, mit Sicherheit zu sagen, ob die ausschlaggebende neue Idee wirklich die eigene ist oder ob man sie unbewußt in Gesprächen mit anderen assimiliert hat. Einsicht in diese Schwierigkeit hat zu einer Art vagem Übereinkommen zwischen Wissenschaftlern geführt, wonach man einen Anspruch auf eine von einem Kollegen abgesteckte Forschungsrichtung anerkennt – aber nur bis zu einem gewissen Punkt. Wird von mehr als einer anderen Seite um die Lösung eines Problems gerungen, besteht kein Grund, sich zurückzuhalten. Dieses Dilemma kommt in der DNS-Geschichte klar zum Ausdruck. Es ist für alle unmittelbar Beteiligten eine Quelle tiefer Befriedigung, daß bei der Verleihung des Nobelpreises im Jahre 1962 die lange, geduldige Forschungsarbeit von Wilkins im King's College (London) ebenso ihre gebührende Anerkennung fand wie die brillante und schnelle endgültige Lösung von Crick und Watson in Cambridge.

Schließlich ist die Geschichte von menschlichem Interesse – sie gibt den Eindruck wieder, den Europa, und insbesondere England, auf einen jungen Mann aus den Vereinigten Staaten gemacht hat. Watson schreibt mit einer Offenheit, die an Samuel Pepys erinnert. Wer in diesem Buch vorkommt, muß es in sehr versöhnlicher Stimmung lesen. Er muß sich vor Augen halten, daß dieses Buch kein Geschichtswerk ist, sondern ein autobiographischer Beitrag zu einer Geschichte, die später einmal geschrieben werden wird. Wie der Verfasser selbst sagt, ist sein Buch eher ein Protokoll von Eindrücken als von historischen Tatsachen. Die Meinungsverschiedenheiten waren oft komplexer und die Motive der Beteiligten oft weniger verschroben, als er sich damals vorstellte. Andererseits muß man zugeben, daß sein intuitives Erfassen menschlicher Schwächen oft ins Schwarze trifft.

Der Verfasser hat einigen von uns, die wir mit der Geschichte zu tun hatten, sein Manuskript gezeigt, und wir haben hier und da Berichtigungen vorgeschlagen, die historische Tatsachen betrafen. Mir persönlich widerstrebte es jedoch, zu viel zu ändern, denn die Frische und Direktheit, mit der die Eindrücke festgehalten sind, machen zu einem wesentlichen Teil den besonderen Reiz dieses Buches aus.

W. L. B.

Vorbemerkung des Autors

In diesem Buch erzähle ich, wie die Struktur der DNS entdeckt wurde – und zwar meine Version der Geschichte. Dabei habe ich versucht, etwas von der Atmosphäre der frühen Nachkriegsjahre in England einzufangen, wo sich die meisten der in diesem Zusammenhang wichtigen Ereignisse zugetragen haben. Ich hoffe, mein Buch zeigt, daß die Wissenschaft selten, wie es sich Außenstehende gern vorstellen, auf direkte, logische Weise fortschreitet. Nein, ihre Fortschritte (und gelegentlichen Rückschritte) sind oft sehr menschliche Ereignisse, bei denen die Persönlichkeit der Beteiligten und bestimmte kulturelle Traditionen eine bedeutende Rolle spielen. Darum habe ich mich mehr bemüht, meine ersten Eindrücke von den entscheidenden Ereignissen und Personen wiederzugeben, als einen wissenschaftlichen Beitrag zu liefern, der alles, was ich seit der Entdeckung der DNS-Struktur gelernt habe, mit berücksichtigt. Hätte ich letzteres versucht, wäre das Ergebnis möglicherweise objektiver, würde aber nichts vom wahren Geist eines Abenteuers vermitteln, für das einerseits jugendliche Arroganz charakteristisch ist und andererseits der Glaube, daß die Wahrheit, hat man sie erst einmal gefunden, ebenso einfach wie hübsch aussehen muß. Viele meiner Bemerkungen können daher einseitig und unfair erscheinen. Aber das kommt ja oft vor, da wir Menschen oft unüberlegt und vorschnell entscheiden, ob wir eine neue Idee oder Bekanntschaft mögen oder nicht. Doch wie dem auch sei, mein Bericht zeigt, wie ich damals – von 1951 bis 1953 – die Ideen, die Leute und mich selbst gesehen habe.

Ich bin mir darüber klar, daß die anderen Beteiligten große Teile dieser Geschichte anders erzählen würden. Manchmal, weil ihre Erinnerung an die Geschehnisse von der meinen abweicht, und mehr noch vielleicht, weil es nicht zwei Menschen gibt, die dieselben Ereignisse in genau demselben Licht sehen. Insofern ist überhaupt niemand imstande, jemals die endgültige Geschichte der Aufdeckung der DNS-Struktur zu schreiben. Dennoch habe ich das Gefühl, diese Geschichte sollte erzählt werden, zum einen, da viele mir befreundete Wissenschaftler gesagt haben, daß sie neugierig sind, zu erfahren, wie die Doppel-Helix entdeckt wurde, und lieber eine unvollständige

Darstellung haben möchten als überhaupt keine. Dann aber auch – und das ist meiner Ansicht nach noch wichtiger –, weil im allgemeinen krasse Unwissenheit darüber herrscht, wie Wissenschaft «gemacht» wird. Damit will ich nicht sagen, daß alle Wissenschaft so gemacht wird, wie ich es hier beschreibe. Das ist absolut nicht der Fall. Vielmehr gibt es fast ebenso viele verschiedene Stile wissenschaftlicher Forschung wie menschliche Eigenarten. Andererseits glaube ich nicht, daß die Art und Weise, wie die DNS-Struktur entdeckt wurde, in unserer komplizierten wissenschaftlichen Welt, wo Ehrgeiz und das Gefühl für *fair play* an verschiedenen Strängen ziehen, eine sonderbare Ausnahme darstellt.

Der Gedanke, dieses Buch zu schreiben, hat mich schon fast von dem Augenblick an, wo die Doppel-Helix entdeckt war, beschäftigt. Daher erinnere ich mich an viele der dafür bedeutsamen Ereignisse sehr viel genauer als an die meisten anderen Episoden in meinem Leben. Außerdem habe ich großen Nutzen aus den Briefen gezogen, die ich praktisch jede Woche an meine Eltern schrieb. Sie halfen mir vor allem bei der genauen Datierung etlicher Ereignisse. Ebenso wichtig waren für mich die wertvollen Kommentare verschiedener Freunde, die so nett waren, frühere Fassungen zu lesen und mir in einigen Fällen ausführliche Berichte über Dinge zu geben, auf die ich in weniger vollständiger Weise hingewiesen hatte. Natürlich gibt es auch Fälle, wo meine Erinnerung von der ihren abweicht, und eben deswegen muß man dieses Buch als meine Sicht der Angelegenheit betrachten.

Einige der ersten Kapitel wurden in den Behausungen von Albert Szent-Györgyi, John A. Wheeler und John Cairns geschrieben, und ich möchte ihnen hier danken für ihre ruhigen Zimmer und ihre Schreibtische mit Ausblick aufs Meer. Die letzten Kapitel habe ich mit Hilfe eines Guggenheim-Stipendiums geschrieben, das es mir ermöglichte, für kurze Zeit ins andere Cambridge und zu der Gastfreundlichkeit des Rektors und der Fellows vom King's College zurückzukehren.

Soweit es möglich war, habe ich Fotografien gewählt, die aus der Zeit stammen, in der sich die Geschichte abgespielt hat, und ich möchte insbesondere Herbert Gutfreund, Peter Pauling, Hugh Huxley und Gunther Stent dafür danken, daß sie mir einige ihrer Aufnahmen geschickt haben. Was Hilfe bei der Herausgabe des Buches anlangt, so danke ich Libby Aldrich für ihre flinken, verständigen Bemerkungen – Äußerungen, wie man sie von unseren besten Radcliffe-Studentinnen erwartet – und Joyce Lebowitz, die mich nicht nur davor bewahrt hat, die englische Sprache allzusehr zu verhunzen, sondern mir auch unzählige Male erklärt hat, wie ein gutes Buch aussehen muß. Schließlich möchte ich Thomas J. Wilson danken, der mir von dem Augenblick an, als er den ersten Entwurf sah, unermüdlich geholfen hat. Ohne seinen klugen, freundschaftlichen und sensiblen Rat wäre mein Buch nie in dieser, wie ich hoffe, angemessenen Form erschienen.

Harvard University
Cambridge, Massachusetts
November 1967

J. D. W.

Im Sommer 1955 hatte ich mich mit ein paar Freunden in den Alpen verabredet. Alfred Tissières – damals Fellow am King's College – hatte mir gesagt, er wolle mich auf den Gipfel des Rothorns lotsen, und obwohl mich beim Anblick eines Abgrunds das Grauen packt, hielt ich es für unpassend, mich als Feigling zu erweisen. So ließ ich mich, um in Form zu kommen, erst einmal von einem Bergführer hinauf zum Allalin führen und nahm dann den Zwei-Uhr-Postbus nach Zinal. Als ich sah, wie der Fahrer mit seinem Bus die schmale, kurvenreiche Straße am Rande der steilen Felswände entlangschlingerte, hoffte ich nur, er sei nicht seekrank. Schließlich erblickte ich Alfred. Er stand vor dem Hotel und sprach mit einem schnurrbärtigen Trinity-Dozenten, der während des Krieges in Indien gewesen war.

Da Alfred noch nicht genügend trainiert war, beschlossen wir, am Nachmittag ein bißchen zu laufen. Wir stiegen hinauf zu einem kleinen Restaurant am Rand des riesigen Gletschers, der sich vom Obergabelhorn herunterzieht und den wir am nächsten Tag überschreiten sollten. Kaum waren wir ein paar Minuten außer Sichtweite des Hotels, da sahen wir eine Gesellschaft, die direkt auf uns zukam. Gleich darauf erkannte ich einen der Kletterer: es war Willy Seeds, ein Forscher, der vor ein paar Jahren mit Maurice Wilkins am King's College in London gearbeitet hatte, und zwar über die optischen Eigenschaften der DNS-Fiber. Willy entdeckte mich, verlangsamte sein Tempo, und für einen Augenblick sah es so aus, als wollte er seinen Rucksack abnehmen und ein Weilchen plaudern. Aber alles, was er sagte, war: «Na, wie geht's dem ehrenwerten Jim?» Und im gleichen Augenblick beschleunigte er seine Schritte und war bald weit unter mir auf dem Pfad.

Während ich mich mühsam den Berg hinaufschleppte, dachte ich wieder an unsere früheren Begegnungen in London. Die DNS war damals noch etwas sehr Geheimnisvolles, alle Chancen standen offen, und niemand wußte mit Sicherheit, wer den großen Preis kriegen würde, und ob er ihn auch verdiente, falls er wirklich so aufregend war, wie wir halb insgeheim glaubten. Aber nun war das Rennen zu Ende, und als einer der Gewinner wußte ich, daß die Geschichte gar nicht so einfach gewesen war, und bestimmt nicht so, wie die Zeitungen sie dargestellt hatten. In der Hauptsache war es die Angelegenheit von fünf Leuten: Maurice Wilkins, Rosalind Franklin, Linus Pauling, Francis Crick und mir. Und da bei meinem Anteil an der Arbeit Francis die treibende Kraft war, will ich meinen Bericht mit ihm beginnen.

1

Ich habe Francis Crick nie bescheiden gesehen. Mag sein, daß er es in Gesellschaft anderer Leute ist – ich jedenfalls hatte nie Gelegenheit, diese Eigenschaft an ihm festzustellen. Mit seinem heutigen Ruf hat das nichts zu tun. Man spricht schon viel über ihn, meist mit Ehrfurcht, und eines Tages wird man ihn vielleicht in dieselbe Kategorie einreihen wie Rutherford oder Bohr. Aber das war noch nicht der Fall, als ich im Herbst 1951 an das Cavendish-Laboratorium der Universität Cambridge kam und mich einer kleinen Gruppe von Physikern und Chemikern anschloß, die an der dreidimensionalen Struktur der Proteine arbeiteten. Damals war er fünfunddreißig und noch völlig unbekannt. Einige seiner engsten Kollegen erkannten zwar den Wert seines schnell arbeitenden, durchdringenden Verstandes und holten sich häufig Rat bei ihm, aber bei vielen war er gar nicht beliebt, und die meisten Leute fanden, er rede zu viel.

Der Leiter der Gruppe, zu der Francis gehörte, war der Chemiker Max Perutz, ein gebürtiger Österreicher, der 1936 nach England gekommen war. Über zehn Jahre lang hatte er sich mit der Beugung von Röntgenstrahlen an Hämoglobin-Kristallen befaßt und war jetzt gerade dabei, etwas herauszubekommen. Dabei half ihm Sir Lawrence Bragg, der Direktor vom Cavendish. Bragg, Nobelpreisträger und einer der Begründer der Kristallographie, hatte vierzig Jahre lang beobachtet, wie dank der Methoden der Beugung der Röntgenstrahlen Strukturen von zunehmender Schwierigkeit aufgeklärt wurden. Je komplizierter ein Molekül war, um so mehr jubilierte Bragg, wenn eine neue Methode Erfolg hatte. So war er in den Jahren unmittelbar

Francis Crick und James D. Watson. Im Hintergrund die Kapelle des King's College

nach dem Krieg besonders versessen auf die Möglichkeit, die Strukturen der kompliziertesten aller Moleküle, der Proteine, aufzuklären. Wenn es ihm seine administrativen Verpflichtungen erlaubten, kam er oft zu Perutz ins Büro und diskutierte mit ihm über die neuesten Röntgenbefunde, die sich inzwischen angesammelt hatten. Und anschließend ging er nach Hause und versuchte sie zu interpretieren.*

Irgendwo in der Mitte zwischen Bragg, dem Theoretiker, und dem Experimentator Perutz stand Francis: er stellte gelegentlich Experimente an, aber meistens war er in Theorien zur Lösung der Proteinstrukturen versunken. Häufig stieß er auf etwas Neues. Dann wurde er schrecklich aufgeregt und erzählte es sofort jedem, der ihm nur zuhören wollte. An einem der nächsten Tage stellte er allerdings oft fest, daß seine Theorie gar nicht funktionierte, und ging wieder an seine Experimente, bis ihn die Langeweile dazu brachte, einen neuen Angriff auf die Theorie zu starten.

Im Zusammenhang mit diesen neuen Ideen kam es oft zu dramatischen Situationen, die nicht unwesentlich dazu beitrugen, die Atmosphäre im Labor zu beleben, wo die Experimente gewöhnlich mehrere Monate und manchmal Jahre lang dauerten. Das lag hauptsächlich an dem Umfang von Cricks Stimme: er sprach lauter und schneller als irgendwer sonst, und wenn er lachte, konnte man ihn im Cavendish-Labor sofort lokalisieren. Fast alle freuten wir uns über diese manischen Augenblicke, vor allem wenn wir Zeit hatten, ihm aufmerksam zuzuhören, und es ihm rundheraus sagen konnten, wenn wir den roten Faden seiner Beweisführung verloren hatten. Mit einer bemerkenswerten Ausnahme: Sir Lawrence Bragg war über die Unterredungen mit Crick häufig verärgert, und oft genügte schon der Klang von Cricks Organ, um Bragg in einen sichereren Raum zu scheuchen. Er kam nur noch selten ins Cavendish zum Tee, seit das bedeutete, Crick durch das Teezimmer brüllen zu hören. Aber selbst wenn Bragg flüchtete, war er nicht völlig in Sicherheit. Bei zwei Gelegenheiten geschah es, daß der Korridor vor seinem Büro aus einem Laboratori-

* Eine klare Beschreibung der Röntgenstrahlendiffraktionstechnik gibt John Kendrew in seinem Buch ‹*The Thread of Life: An Introduction to Molecular Biology*›. Cambridge (Harvard University Press) 1966. Deutsche Ausgabe: ‹*Der Faden des Lebens. Eine Einführung in die Molekularbiologie*›. München 1967.

um, wo Crick arbeitete, mit Wasser überflutet wurde. Francis war so in seine Theorie vertieft, daß er vergessen hatte, den Gummischlauch seiner Saugpumpe ordentlich festzumachen.

Zu der Zeit, als ich nach Cambridge kam, gingen Francis' Theorien weit über die Grenzen der Proteinkristallographie hinaus. Alles, was irgendwie wichtig war, zog ihn an, und oft stattete er den anderen Labors Besuche ab, um sich zu erkundigen, was für Experimente man inzwischen gemacht hatte. Wenn er mit Kollegen, denen die wirkliche Bedeutung ihrer neuesten Experimente gar nicht bewußt war, im allgemeinen auch höflich und rücksichtsvoll umging, so verhehlte er ihnen den Tatbestand doch nie. Fast im gleichen Augenblick schlug er ihnen eine Unzahl von neuen Experimenten vor, die seine eigene Interpretation möglicherweise bestätigten. Überdies konnte er sich nicht enthalten, anschließend allen, die es hören wollten, zu erzählen, wie seine gescheite neue Idee die ganze Wissenschaft auf den Kopf stellen würde.

Das Ergebnis war eine uneingestandene, aber reelle Furcht vor Crick, namentlich unter seinen Altersgenossen, die ihren Ruf noch zu festigen hatten. Wenn seine Freunde sahen, mit welcher Geschwindigkeit er ihre Fakten erfaßte und in ein zusammenhängendes Schema zu bringen versuchte, wurde ihnen ganz schlecht; sie fürchteten, er werde schon in naher Zukunft allzuoft Erfolg haben und der ganzen Welt die Verschwommenheit gewisser Intellektueller vor Augen führen, die dank den rücksichtsvollen, gewandten Umgangsformen der Cambridge-Kollegen bisher dem direkten Blick verborgen geblieben war.

Francis hatte zwar ein Anrecht auf eine Mahlzeit pro Woche im Caius College, aber er gehörte damals noch keinem College als Fellow an. Zu einem Teil lag das daran, daß er es nicht anders gewollt hatte. Er hatte einfach keine Lust, sich unnötigerweise mit dem Anblick der jüngeren Semester zu belasten. Dazu kam seine Lache: mit ziemlicher Sicherheit würden sich viele Universitätslehrer dagegen auflehnen, wenn man sie diesem nervenzerrüttenden Schmettern mehr als einmal wöchentlich aussetzte. Ich bin überzeugt, daß ihn das manchmal ärgerte, auch wenn er natürlich wußte, daß der größte Teil des Lebens am erhöhten Professorentisch von pedantischen Herren mittleren Alters beherrscht wird, die unfähig gewesen wären, ihn auf irgendeine nennenswerte Weise zu amüsieren oder zu belehren. Blieb immer noch das King's College: höchst nonkonformistisch und darum sicherlich imstande, ihn zu verkraften, ohne daß er oder das College etwas von ihrem Charakter einbüßen mußten. Aber trotz vielfacher Bemühungen brachten seine Freunde, die wußten, was für ein reizender Tischgenosse er war, es nicht fertig, anderen Leuten zu verhehlen, daß bereits eine einzige kleine Bemerkung bei einem Glas Sherry Francis zu einem lautstarken Einbruch in ihr Leben veranlassen konnte.

2

Bevor ich nach Cambridge kam, hatte Francis nur gelegentlich über die Desoxyribonukleinsäure (DNS) und ihre Bedeutung für die Vererbung nachgedacht. Nicht etwa weil er das für uninteressant hielt. Ganz im Gegenteil. Ein entscheidender Grund, daß er die Physik aufgab und sich mehr und mehr für die Biologie interessierte, war für ihn, im Jahre 1946, die Lektüre des Buches ‹*Was ist Leben?*› von dem berühmten theoretischen Physiker Erwin Schrödinger gewesen. Dieses Buch trug in gepflegtem Stil die Ansicht vor, daß die Gene die Schlüsselelemente der lebenden Zellen seien; um zu verstehen, was das Leben ist, müsse man daher wissen, wie die Gene wirken. Als Schrödinger sein Buch schrieb (1944), herrschte allgemeine Übereinstimmung darüber, daß die Gene besondere Arten von Proteinmolekülen seien. Aber fast zur gleichen Zeit führte der Bakteriologe O. T. Avery im Rockefeller Institute in New York Experimente durch, die zeigten, daß erbliche Eigenschaften durch gereinigte DNS-Moleküle von einer Bakterienzelle auf die andere übertragen werden konnten.

Angesichts der bekannten Tatsache, daß die DNS in den Chromosomen aller Zellen auftritt, ließen Averys Experimente bereits sehr stark auf das Ergebnis künftiger Experimente schließen: daß nämlich alle Gene aus DNS bestanden. Würde sich dies bewahrheiten, so bedeutete das für Francis, daß die Proteine nicht der Stein von Rosette

Francis Crick vor einer Röntgenröhre im Cavendish-Laboratorium

für die Entschlüsselung des wahren Geheimnisses des Lebens waren. Hingegen konnte uns die DNS den Schlüssel liefern, der es uns ermöglichte, herauszufinden, auf welche Weise die Gene unter anderen Eigenschaften die Farbe unserer Augen oder unseres Haares bestimmten und sehr wahrscheinlich auch unsere verhältnismäßige Intelligenz und möglicherweise sogar unsere Fähigkeit, andere Leute zu amüsieren.

Natürlich gab es auch Wissenschaftler, die das Beweismaterial, das für die DNS sprach, nicht für schlüssig hielten und lieber glaubten, die Gene seien Proteinmoleküle. Francis kümmerte sich jedoch nicht weiter um diese Skeptiker. Viele von ihnen waren rechthaberische Narren, die mit unfehlbarer Sicherheit stets auf das falsche Pferd setzten. Überhaupt konnte man nicht erfolgreich Wissenschaft treiben, ohne sich darüber klar zu sein, daß die Wissenschaftler – im Gegensatz zu der allgemeinen Auffassung, wie sie auch von Zeitungen und von Müttern mancher Forscher verbreitet wird – zu einem beträchtlichen Teil nicht nur engstirnig und langweilig, sondern auch einfach dumm sind.

Nichtsdestoweniger war Francis damals noch nicht bereit, den Sprung in die Welt der DNS zu machen. Ihre grundlegende Bedeutung allein schien ihm noch kein ausreichender Grund, sich von dem Gebiet der Proteine weglocken zu lassen, auf dem er erst zwei Jahre lang gearbeitet hatte und das er nun gerade geistig zu beherrschen begann. Außerdem interessierten sich seine Kollegen im Cavendish-Laboratorium nur beiläufig für die Nukleinsäuren, und selbst unter den günstigsten finanziellen Voraussetzungen würde es zwei bis drei Jahre dauern, ein neues Forschungsteam auf die Beine zu stellen, das sich vorwiegend damit beschäftigte, mit Hilfe von Röntgenstrahlen die DNS-Struktur zu erforschen.

Überdies konnte eine solche Entscheidung ihn persönlich in eine peinliche Lage bringen. Zu jener Zeit war nämlich die Molekularforschung hinsichtlich der DNS in England praktisch eine Privatangelegenheit von Maurice Wilkins, einem Junggesellen, der in London am King's College* arbeitete.

* Eine Abteilung der Londoner Universität, nicht zu verwechseln mit dem King's College in Cambridge.

Wie Francis war auch Maurice zuerst Physiker gewesen und hatte ebenfalls die Diffraktion der Röntgenstrahlen als hauptsächliches Forschungsmittel benutzt. Es hätte sehr schlecht ausgesehen, wenn Francis sich nun auf ein Problem gestürzt hätte, an dem Maurice schon jahrelang gearbeitet hatte. Die Sache wurde noch dadurch verschlimmert, daß die beiden, die fast gleichaltrig waren, einander kannten. Bevor Francis wieder heiratete, hatten sie sich oft zum Mittag- oder Abendessen getroffen, um über wissenschaftliche Fragen zu plaudern.

Viel einfacher wäre es gewesen, wenn die beiden in verschiedenen Ländern gelebt hätten. Die Verbindung von englischer Traulichkeit – alle bedeutenden Leute schienen sich zu kennen, sofern sie nicht gar durch Heirat verwandt waren – mit dem englischen Sinn für *fair play* erlaubte es Francis nicht, sich auf ein Problem einzulassen, das Maurice gewissermaßen gepachtet hatte. In Frankreich, wo diese Art des *fair play* offenbar nicht existiert, wären solche Schwierigkeiten gar nicht aufgekommen. Auch in den USA hätte eine solche Situation nicht entstehen können. Kein Mensch kam auf die Idee, von jemandem in Berkeley zu erwarten, daß er ein erstrangiges Problem nur darum ignorierte, weil irgendwer im California Institute of Technology (Cal Tech) es als erster angepackt hatte.

Schlimmer noch: Maurice enttäuschte Francis ständig, indem er nie genügend Enthusiasmus für die DNS bekundete. Es schien ihm Spaß zu machen, wichtige Argumente gering einzuschätzen. Nicht etwa, weil es ihm an Intelligenz oder gesundem Menschenverstand fehlte. Maurice hatte eindeutig beides, was schon dadurch bezeugt wird, daß er die Bedeutung der DNS vor allen anderen erkannte. Aber Francis hatte das Gefühl, er könne Maurice nie beibringen, daß man, wenn man ein Explosiv wie die DNS in Händen hatte, es sich einfach nicht erlauben konnte, vorsichtig vorzugehen. Außerdem wurde es immer schwieriger, Maurice von seiner Assistentin Rosalind Franklin abzulenken.

Nicht etwa, daß er in Rosy – wie wir sie aus sicherer Entfernung nannten – verliebt gewesen wäre. Ganz im Gegenteil: fast von dem Augenblick an, wo sie in sein Labor kam, begannen die beiden sich gegenseitig zu ärgern. Maurice war in der Technik der Röntgenstrahlendiffraktion ein Anfänger. Er brauchte fachmännische Unterstützung und hatte gehofft, Rosy, eine erfahrene Kristallographin, könne den Gang seiner Forschungen beschleunigen. Aber Rosy sah die Situation auf völlig andere Weise. Sie behauptete, daß man ihr die DNS als ihre eigene Aufgabe zugewiesen habe, und dachte nicht daran, sich als Maurices Assistentin zu betrachten.

Ich nehme an, daß Maurice anfangs noch die Hoffnung hatte, Rosy werde sich beruhigen. Doch brauchte man sie nur anzusehen, um zu wissen, daß sie nicht leicht nachgeben würde. Sie tat ganz bewußt nichts, um ihre weiblichen Eigenschaften zu unterstreichen. Trotz ihrer scharfen Züge war sie nicht unattraktiv, und sie wäre sogar hinreißend gewesen, hätte sie auch nur das geringste Interesse für ihre Kleidung gezeigt. Das tat sie nicht. Nicht einmal einen Lippenstift, dessen Farbe vielleicht mit ihrem glatten schwarzen Haar kontrastiert hätte, benutzte sie, und mit ihren einunddreißig Jahren trug sie so phantasielose Kleider wie nur irgendein blaustrümpfiger englischer Teenager. Insofern konnte man sich Rosy gut als das Produkt einer unbefriedigten Mutter vorstellen, die es für überaus wünschenswert hielt, daß intelligente Mädchen Berufe erlernten, die sie vor der Heirat mit langweiligen Männern bewahrten. Aber das war keineswegs der Fall. Ihre opferfreudige, herbe Lebensweise ließ sich nicht so einfach erklären – sie stammte aus einer wohlhabenden und gebildeten Bankiersfamilie.

Eines war klar: Rosy mußte gehen oder an ihren richtigen Platz verwiesen werden. Ersteres war natürlich vorzuziehen, denn angesichts ihrer kriegerischen Launen würde es für Maurice immer schwieriger werden, seine herrschende Position zu behaupten, die allein es ihm gestattete, ungehindert über die DNS nachzudenken. Nicht etwa, daß er nicht selbst hin und wieder ihre Klagen für begründet hielt – so gab es beispielsweise im King's zwei Gemeinschaftsräume, einen für die Männer und einen für die Frauen, und das war gewiß ein Relikt aus vergangenen Zeiten. Aber dafür war er nicht verantwortlich, und es war kein Vergnügen, den ständigen Vorwurf über sich ergehen zu lassen, der Gemeinschaftsraum der Damen sei noch immer trübselig und schäbig, während man einen Haufen Geld ausgegeben habe, um ihm und seinen Freunden, wenn sie morgens ihren Kaffee tranken, das Leben angenehm zu machen.

Unglücklicherweise sah Maurice absolut keine Möglichkeit, Rosy

Maurice Wilkins

auf anständige Weise hinauszuwerfen. Erstens hatte man ihr zu verstehen gegeben, daß sie nun für mehrere Jahre eine feste Stellung habe. Außerdem ließ sich nicht leugnen, daß sie ein kluger Kopf war. Wenn sie nur imstande gewesen wäre, ihre Emotionen zu beherrschen! Es hätte gute Aussicht bestanden, daß sie ihm wirklich hätte behilflich sein können. Aber einfach nur auf eine Verbesserung ihrer Beziehungen zu hoffen, das schloß ein Risiko ein; Linus Pauling, der sagenhafte Chemiker des Cal Tech, brauchte sich schließlich nicht an die Grenzen des englischen *fair play* zu halten. Früher oder später würde sich Linus, der gerade fünfzig geworden war, um die bedeutendste aller wissenschaftlichen Auszeichnungen bemühen. Es bestand kein Zweifel, daß er daran interessiert war. Ausgeschlossen – das sagte einem schon der gesunde Menschenverstand –, daß Linus Pauling, wenn er wirklich der größte aller Chemiker war, nicht erkannte, daß die DNS das vielversprechendste aller Moleküle war. Dafür gab es obendrein einen klaren Beweis. Maurice hatte von Linus einen Brief bekommen, in dem er ihn um Abzüge seiner Röntgenaufnahmen von der kristallinen DNS bat. Nach einigem Zögern schrieb Maurice ihm zurück, er wolle sich, bevor er die Bilder aus der Hand gebe, erst noch einmal die Unterlagen etwas näher ansehen.

Das alles war höchst verwirrend für Maurice. Er hatte nicht auf Biologie umgesattelt, um sie nun persönlich ebenso widerwärtig zu finden wie die Physik mit ihren Atomkonsequenzen. Das Gespann Linus und Francis, deren Atem er im Nacken spürte, ließ ihn oft nicht in Ruhe schlafen. Aber Pauling lebte immerhin 6000 Meilen entfernt, und selbst zwischen Francis und ihm lagen zwei Stunden Bahnfahrt. Das eigentliche Problem war und blieb Rosy. So kam er von dem Gedanken nicht los, daß eine Frauenrechtlerin am besten im Labor irgendeines anderen aufgehoben wäre.

3

Wilkins hatte mich als erster für die Anwendung der Röntgentechnik auf die DNS begeistert. Das geschah in Neapel, bei einer kleinen wissenschaftlichen Tagung über die Strukturen der Riesenmoleküle, wie man sie in lebenden Zellen findet. Erst im Frühjahr 1951 erfuhr ich von Francis Cricks Existenz. Damals beschäftigte ich mich bereits intensiv mit der DNS, denn ich hatte nach meinem Doktorexamen ein Stipendium für Europa bekommen, um die Biochemie dieses Moleküls zu studieren. Mein Interesse ging auf einen Wunsch zurück, den ich schon als Senior im College gehabt hatte: ich wollte wissen, was eigentlich ein Gen ist. Später, auf der Indiana University, hoffte ich immer noch, das Gen-Problem sei zu lösen, ohne daß ich deswegen Chemie lernen müßte. Der Grund dafür war im wesentlichen meine Faulheit, denn als Student an der Chicagoer Universität interessierte ich mich hauptsächlich für Vögel und drückte mich mit Erfolg um jeden Chemie- oder Physikkurs, der auch nur mittlere Schwierigkeiten zu bieten schien. Eine kurze Zeit lang ermutigten mich die Indiana-Biochemiker, organische Chemie zu studieren, aber nachdem ich einmal einen Bunsenbrenner benutzt hatte, um ein bißchen Benzol zu erwärmen, wurde ich von weiteren Arbeiten in der richtigen Chemie befreit. Es war sicherer, einen weniger gelehrten Doktor in die Welt zu entlassen, als noch eine Explosion zu riskieren.

So sah ich mich nicht gezwungen, mich ernsthaft mit Chemie zu beschäftigen, bevor ich nach Kopenhagen ging, um als wissenschaftlicher Assistent bei dem Biochemiker Herman Kalckar zu arbeiten. Das Herumreisen schien mir anfangs die beste Lösung zu sein, um dem kompletten Mangel chemischer Fakten in meinem Kopf zu begegnen – einem Zustand, in dem mich mein Doktorvater, der in Italien ausgebildete Mikrobiologe Salvador Luria, zeitweilig noch bestärkt hatte. Luria verabscheute die meisten Chemiker geradezu, und zwar namentlich die rivalisierende Abart aus den Dschungeln von New York City. Kalckar dagegen war offenkundig ein kultivierter Mensch, und Luria hoffte, ich könnte mir in seiner zivilisierten europäischen Gesellschaft das für die chemische Forschung erforderliche Rüstzeug aneignen, ohne mich gegen die nur auf Profit bedachten organischen Chemiker verteidigen zu müssen.

Luria experimentierte damals sehr viel über die Vermehrung der Bakterienviren (Bakteriophagen, kurz Phagen genannt). Mehrere Jahre lang hatte unter den inspirierteren Genetikern die Auffassung geherrscht, Viren seien eine Art nackter Gene. Wenn das stimmte, dann gab es, um herauszufinden, was ein Gen sei und wie es sich verdoppelte, keine bessere Methode, als erst einmal die Eigenschaften der Viren zu studieren. Und da die einfachsten Viren die Phagen waren, hatte sich zwischen 1940 und 1950 eine ständig wachsende Anzahl von Wissenschaftlern (die Phagengruppe) zusammengefunden, die diese Phagen untersuchten – in der Hoffnung, man werde eines Tages entdecken, auf welche Weise die Gene die Vererbung in den Zellen steuerten. Die Leiter dieser Gruppe waren Luria und sein Freund Max Delbrück, ein aus Deutschland stammender theoretischer Physiker, der damals Professor am Cal Tech war. Während Delbrück noch immer hoffte, das Problem könne mit Hilfe rein genetischer Tricks gelöst werden, stellte sich Luria immer öfter die Frage, ob man die wirkliche Antwort nicht erst finden werde, wenn einmal die chemische Struktur eines Virus (und damit eines Gens) aufgeknackt worden sei. Im tiefsten Innern wußte er, daß man unmöglich das Verhalten von irgend etwas beschreiben kann, solange man nicht weiß, was es eigentlich ist. Und da Luria wußte, daß er es nie fertigbringen würde, Chemie zu lernen, meinte er, der vernünftigste Weg sei, mich, seinen ersten seriösen Studenten, zu einem Chemiker zu schicken.

Es fiel ihm nicht schwer, zwischen einem Protein-Chemiker und einem Nukleinsäure-Chemiker zu wählen. Obwohl die DNS nur ungefähr die Hälfte der Masse eines Bakterienvirus ausmacht (die andere Hälfte ist Protein), sah sie, wenn man an Averys Experimente dachte, doch sehr nach dem wesentlichen genetischen Material aus. Ihre chemische Struktur zu ermitteln, war vielleicht der entscheidende Schritt, um zu verstehen, wie sich die Gene verdoppelten. Andererseits waren die über die DNS bekannten soliden chemischen Fakten im Gegensatz zu dem, was man über die Proteine wußte, sehr mager. Nur wenige Chemiker arbeiteten daran, und mit Ausnahme der Tatsache, daß Nukleinsäuren sehr große Moleküle waren, die sich aus kleineren Bausteinen, den Nukleotiden, aufbauten, gab es an chemischen Kenntnissen so gut wie nichts, worauf sich die Genetiker stützen konnten. Noch dazu waren die Chemiker, die an der DNS arbeiteten, fast ausnahmslos organische Chemiker, die sich für Genetik überhaupt nicht interessierten. Kalckar war da eine rühmliche Ausnahme. Im Sommer 1945 war er an das Labor in Cold Spring Harbor, New York, gekommen, um an Delbrücks Kursus über Bakterienviren teilzunehmen. So hofften beide, Luria wie Delbrück, das Kopenhagener Labor sei der Ort, wo die kombinierten Methoden der Chemie und der Genetik vielleicht einmal wirkliche Resultate auf dem Gebiet der Biologie zeitigten.

Ihr Plan erwies sich jedoch als ein völliger Fehlschlag. Herman vermochte mich nicht im geringsten anzustacheln. Ich blieb in seinem Labor der Nukleinsäure-Chemie gegenüber ebenso gleichgültig wie ich es in den Vereinigten Staaten gewesen war. Das lag zu einem Teil daran, daß ich nicht einsah, wieso die Art von Problemen, mit denen er sich damals beschäftigte (der Metabolismus der Nukleotide), zu irgend etwas führen sollte, das für die Genetik von unmittelbarem Interesse war. Es kam hinzu, daß man Herman, obwohl er unbedingt ein zivilisierter Mensch war, einfach nicht verstehen konnte.

Hingegen war ich imstande, dem Englisch von Hermans bestem Freund, Ole Maaløe, zu folgen. Ole war gerade aus den Staaten (Cal Tech) zurückgekommen und hatte sich dort sehr für dieselben Phagen begeistert, mit denen ich mich für meine Prüfung herumgeschlagen hatte. Nach seiner Rückkehr gab er sein bisheriges Forschungsproblem auf und widmete sich nun ausschließlich den Phagen. Er war damals der einzige Däne, der über Phagen arbeitete, und fand es deshalb sehr erfreulich, daß ich und Gunther Stent, ein Phagenmann aus Delbrücks Labor, gekommen waren, um bei Herman zu arbeiten. Es dauerte nicht lange, da besuchten wir Ole regelmäßig in seinem Labor, das ein paar Meilen von Hermans Labor entfernt war, und nach einigen Wochen waren wir beide eifrig dabei, mit Ole zusammen Experimente zu machen.

In der ersten Zeit war es mir manchmal peinlich, mit Ole ganz gewöhnliche Phagenforschung zu betreiben. Schließlich war mir mein Stipendium ausdrücklich bewilligt worden, damit ich bei Herman Biochemie lernen konnte. Wenn man es ganz wörtlich nahm, verstieß ich also gegen die Bedingungen. Obendrein wurde ich weniger als drei Monate nach meiner Ankunft in Kopenhagen aufgefordert, Pläne für das folgende Jahr vorzulegen. Das war gar nicht so einfach, da ich keinerlei Pläne hatte. Die einzig sichere Methode war, Geld zu beantragen, um noch ein weiteres Jahr bei Herman zu verbringen. Einzugestehen, daß es mir nicht gelang, der Biochemie etwas abzugewinnen, wäre riskant gewesen. Außerdem sah ich auch wirklich nicht ein, warum man mir nach Verlängerung meines Stipendiums nicht erlauben sollte, meine Pläne zu ändern. So schrieb ich nach Washington und teilte mit, ich hätte den Wunsch, noch etwas in der anregenden Atmosphäre von Kopenhagen zu bleiben. Wie zu erwarten, wurde daraufhin mein Stipendium erneuert. Es schien nur sinnvoll, Kalckar (den mehrere von dem Ausschuß, der die Stipendiumskandidaten auswählte, persönlich kannten) einen weiteren Biochemiker ausbilden zu lassen.

Blieb immer noch die Frage, wie weit ich auf Hermans Gefühle Rücksicht nehmen mußte. Vielleicht mißfiel es ihm, daß ich mich nur so selten blicken ließ. Gewiß, er schien, was die meisten Dinge anlangte, ziemlich zerstreut und hatte es bisher vielleicht noch gar nicht so richtig bemerkt. Glücklicherweise kam es jedoch gar nicht so weit, daß ich mir ernsthaft darüber Gedanken machen mußte. Durch ein völlig unvorhergesehenes Ereignis wurde mein moralisches Gewissen beruhigt. Eines Tages, Anfang Dezember, radelte ich zu Hermans Labor hinüber und war auf eines der üblichen netten, aber völlig unverständlichen Gespräche gefaßt. Doch diesmal, fand ich, war Herman leicht zu verstehen. Er hatte mit etwas Wichtigem herauszurücken: mit seiner Ehe war es aus, und er hoffte, die Scheidung durchsetzen zu können. Die Sache blieb nicht lange ein Geheimnis – allen anderen im Labor wurde sie ebenfalls erzählt. Nach wenigen Tagen zeichnete sich deutlich ab, daß Hermans Geist sich für einige Zeit, vielleicht sogar für die ganze Dauer meines Aufenthalts in Kopenhagen, nicht auf die Wissenschaft konzentrieren würde. Daß er mir die Biochemie der Nukleinsäuren nicht beibringen mußte, war für ihn augenscheinlich ein wahres Gottesgeschenk. Ich konnte jeden Tag zu Oles Labor hinüberradeln, mit dem sicheren Gefühl, daß es bestimmt besser war, den Stipendienausschuß über meinen Arbeitsplatz zu täuschen, als Herman zu zwingen, mit mir über Biochemie zu reden.

Auf dem Kongreß für Mikrobengenetik im Institut für Theoretische Physik in Kopenhagen, März 1951. Vordere Reihe: O. Maaloe, R. Latarjet, E. Wollman. Zweite Reihe: N. Bohr, N. Visconti, G. Ehrensvaard, W. Weidel, H. Hyden, V. Bonifas, G. Stent, H. Kalckar, B. Wright, J. D. Watson, M. Westergaard

Überdies hatte ich an meinen laufenden Experimenten mit Bakterienviren zeitweise viel Spaß. Binnen drei Monaten hatten Ole und ich eine Serie von Experimenten abgeschlossen, bei denen es um das Schicksal eines solchen Bakterienvirus-Partikels ging, wenn es sich innerhalb eines Bakteriums vervielfältigt und mehrere hundert neuer Viruspartikel erzeugt. Damit lagen genügend Unterlagen für eine anständige Veröffentlichung vor, und ich wußte, daß ich, wenn man die üblichen Maßstäbe anlegte, für den Rest des Jahres aufhören konnte zu arbeiten, ohne daß man mich für unproduktiv halten würde. Andererseits hatte ich ebenso eindeutig nichts getan, das uns Aufschluß darüber geben konnte, was ein Gen war oder wie es sich reproduzierte. Und ich sah nicht, wie sich das je ändern sollte, wenn ich nicht Chemiker wurde.

Darum begrüßte ich Hermans Anregung, im Frühjahr an die Zoologische Station von Neapel zu gehen, wo er selbst die Monate April und Mai zu verbringen gedachte. Ein kleiner Trip nach Neapel war genau das Richtige. In Kopenhagen, wo es keinen Frühling gibt, hatte man keinen Grund zum Nichtstun. Andererseits verführte einen die Sonne in Neapel vielleicht dazu, etwas über die Biochemie der Embryonalentwicklung von Seegetier zu lernen. Vielleicht war ja Neapel auch der geeignete Ort, um in Ruhe etwas über Genetik zu lesen. Und wenn ich davon genug hatte, konnte ich – das war durchaus denkbar – auch hin und wieder einen Blick in ein Lehrbuch der Biochemie werfen. Ohne Zögern schrieb ich nach den Vereinigten Staaten und bat um die Erlaubnis, Herman nach Neapel zu begleiten. Postwendend kam aus Washington ein munterer Zusagebrief, in dem man mir eine angenehme Reise wünschte. Außerdem enthielt der Brief einen Zweihundert-Dollar-Scheck für die Reisespesen. Das verursachte mir ein leichtes Gefühl der Unaufrichtigkeit, als ich der Sonne entgegenfuhr.

4

Auch Maurice Wilkins war nicht der ernsten Wissenschaft halber nach Neapel gekommen. Für ihn war die Reise von London nach Neapel ein unerwartetes Geschenk seines Chefs, Professor J. T. Randall. Ursprünglich hatte Randall vorgehabt, selbst zu der Tagung über Makromoleküle zu kommen und einen Vortrag über die Arbeit seines neuen biophysikalischen Laboratoriums zu halten. Aber da er fand, er sei überlastet, hatte er beschlossen, Maurice an seiner Stelle zu schicken. Denn wenn keiner fuhr, warf das ein schlechtes Licht auf sein zum King's College gehörendes Labor. Unmengen kostbarer Staatsgelder waren für seine biophysikalische Show aufgewendet worden, und hier und da wurde der Verdacht laut, dieses Geld sei zum Fenster hinausgeworfen.

Auf italienischen Tagungen wie dieser erwartete man von keinem Menschen einen ausgearbeiteten Vortrag. Gewöhnlich fand sich bei solchen Gelegenheiten eine kleine Anzahl geladener Gäste zusammen, die alle kein Italienisch verstanden, und eine große Anzahl von Italienern, von denen fast keiner schnell gesprochenes Englisch verstand – die einzige Sprache, die allen Teilnehmern gemeinsam war. Der Höhepunkt derartiger Treffen war der Tagesausflug zu irgendeinem malerisch gelegenen Haus oder Tempel. So ergab sich selten eine Gelegenheit für mehr als ein paar banale Bemerkungen.

Um die Zeit, als Maurice ankam, war ich auffällig ruhelos und wartete ungeduldig darauf, wieder in den Norden zurückkehren zu können. Herman hatte mich ganz falsch informiert. Während der ersten sechs Wochen in Neapel fror ich ständig. Die offiziellen Temperaturen sind oft weit weniger von Belang als das völlige Fehlen von Zentralheizung. Weder in der Zoologischen Station noch in meinem verfallenen Zimmer im sechsten Stock eines aus dem 19. Jahrhundert stammenden Hauses gab es irgendeine Heizmöglichkeit. Hätte ich auch nur das leiseste Interesse für Meerestiere gehabt, würde ich Experimente angestellt haben; denn beim Experimentieren ist man in Bewegung und wird leichter warm, als wenn man mit den Füßen auf dem Tisch in der Bibliothek sitzt. Manchmal stand ich nervös herum, wenn Herman seine biochemischen Reden schwang, und an manchen

Tagen verstand ich sogar, was er sagte. Doch machte es keinen Unterschied, ob ich ihm folgen konnte oder nicht. Die Gene waren nie im Mittelpunkt oder auch nur an der Peripherie seiner Gedankenwelt.

Die meiste Zeit verbrachte ich damit, daß ich in den Straßen spazierenging oder Zeitschriftenartikel aus den frühen Tagen der Genetik las. Manchmal träumte ich mit offenen Augen, ich hätte das Geheimnis der Gene entdeckt, aber niemals hatte ich auch nur den Anflug von einer vernünftigen Idee; so war es schwer, dem beunruhigenden Gedanken auszuweichen, daß ich im Grunde gar nichts tat. Ich sagte mir zwar, daß ich ja nicht zum Arbeiten nach Neapel gekommen war, fühlte mich aber darum auch nicht wohler.

Es blieb der schwache Hoffnungsschimmer, ich könnte aus der Tagung über die Strukturen biologischer Makromoleküle vielleicht doch einigen Nutzen ziehen. Ich hatte keine Ahnung von den Techniken der Diffraktion der Röntgenstrahlen, die bei der Strukturanalyse eine so bedeutende Rolle spielten. Aber ich war so optimistisch, zu hoffen, die mündlichen Ausführungen würden vielleicht verständlicher für mich sein als die Zeitschriftenartikel, die mir einfach zu hoch waren. Besonders gespannt war ich auf Randalls Vortrag über Nukleinsäuren. Damals war noch so gut wie nichts über die möglichen dreidimensionalen Gestalten des Nukleinsäuremoleküls veröffentlicht worden – eine Tatsache, die begreiflicherweise meine etwas beiläufige Beschäftigung mit der Chemie beeinträchtigte. Warum sollte ich auch mit Begeisterung langweilige chemische Fakten lernen, solange die Chemiker nie etwas Entscheidendes über die Nukleinsäuren beisteuerten.

Das Schicksal war damals jedoch gegen eine wirkliche Enthüllung. Viel von dem Gerede über die dreidimensionale Struktur der Proteine und Nukleinsäuren war blauer Dunst. Obwohl man nun schon seit über fünfzehn Jahren daran arbeitete, waren die meisten, wenn nicht gar alle Darstellungen verschwommen. Die mit Überzeugung vorgetragenen Ideen stammten im Zweifelsfall von wildgewordenen Kristallographen, die froh waren, auf einem Gebiet zu arbeiten, wo man ihre Thesen nicht so leicht widerlegen konnte. Und obgleich praktisch keiner der Biochemiker, Herman eingeschlossen, in der Lage war, den Ausführungen der Röntgenleute zu folgen, nahm doch niemand weiter Anstoß daran. Es hatte keinen Sinn, komplizierte mathematische

Methoden zu erlernen, um puren Quatsch zu begreifen. Deswegen hatte keiner meiner Lehrer je mit der Möglichkeit gerechnet, daß ich nach meiner Promotion mit einem Röntgen-Kristallographen zusammenarbeiten würde.

Maurice jedoch sollte mich nicht enttäuschen. Daß er nur als Ersatzmann für Randall gekommen war, machte mir nichts aus: ich wußte über den einen so wenig wie über den anderen. Sein Vortrag war alles andere als nichtssagend und hob sich deutlich von den übrigen Referaten ab, die zu einem großen Teil überhaupt nichts mit dem Thema der Tagung zu tun hatten. Glücklicherweise wurden gerade diese Referate auf italienisch gehalten, so daß die offenkundige Langeweile der ausländischen Gäste nicht unbedingt als Unhöflichkeit ausgelegt werden mußte. Mehrere der übrigen Vortragenden waren europäische Biologen, Gäste der Zoologischen Station, die nur kurz auf die makromolekularen Strukturen anspielten. Maurice dagegen kam mit seinem Röntgenstrahlenbeugungsbild der DNS unmittelbar zur Sache. Es wurde gegen Ende seines Vortrags auf die Leinwand geworfen. In seinem trockenen Englisch, das keinen Enthusiasmus zuließ, stellte Maurice fest, das Bild zeige viel mehr Details als die bisherigen Bilder und man könne es tatsächlich als von einer kristallinen Substanz stammend ansehen. Und wenn man eines Tages die Struktur der DNS kenne, werde man vielleicht in einer besseren Position sein, um das Wirken der Gene zu verstehen.

Plötzlich fand ich die Chemie ungeheuer aufregend. Vor Maurices Vortrag hatte ich mir Sorgen gemacht, die Gene seien womöglich phantastisch unregelmäßig. Doch jetzt wußte ich, daß sie kristallisieren konnten; also mußten sie eine regelmäßige Struktur besitzen, die man auf direkte Weise ermitteln konnte. Sofort überlegte ich, ob es sich nicht ermöglichen ließ, mit Wilkins zusammen an der DNS zu arbeiten. Nach dem Vortrag versuchte ich ihn zu treffen. Vielleicht wußte er schon mehr, als er in seinem Vortrag zu erkennen gegeben hatte. Oft zögern Forscher, wenn sie sich einer Sache noch nicht absolut sicher sind, öffentlich darüber zu sprechen. Aber es ergab sich keine Gelegenheit, mit ihm zu reden. Maurice war spurlos verschwunden.

Erst am nächsten Tag, als alle Teilnehmer einen Ausflug zu den griechischen Tempeln in Paestum machten, bot sich mir eine Gelegenheit, mich Maurice vorzustellen. Während wir auf den Bus warten, begann ich ein Gespräch und erzählte ihm, wie ungeheuer mich die DNS interessiere. Aber bevor ich Maurice ausholen konnte, mußten wir einsteigen, und ich setzte mich zu meiner Schwester Elizabeth, die gerade aus den Staaten gekommen war. Bei den Tempeln zerstreute sich die Gruppe, und noch ehe ich Maurice von neuem stellen konnte, wurde mir klar, was für ein verdammtes Glück ich da wahrscheinlich gehabt hatte. Maurice war gewiß nicht entgangen, daß meine Schwester sehr hübsch war, und bald würden sie zusammen beim Mittagessen sitzen. Mir fiel ein Stein vom Herzen. Jahrelang hatte ich zu meinem Verdruß beobachtet, wie Elizabeth von einem langweiligen Dummkopf nach dem anderen verfolgt wurde. Und nun bot sich ihr auf einmal die Möglichkeit, ein völlig anderes Leben zu führen. Ich mußte nicht mehr damit rechnen, daß sie bei einem Schwachsinnigen landete. Und wenn Maurice meine Schwester wirklich gern hatte, dann ergab es sich ganz von selbst, daß ich bei seinen künftigen Röntgenuntersuchungen der DNS eng mit ihm zusammenarbeitete. Als Maurice sich entschuldigte und ging, um sich allein irgendwo hinzusetzen, störte mich das nicht im geringsten. Er hatte eben gute Manieren und nahm an, ich wollte mich mit Elizabeth unterhalten.

Kaum hatten wir jedoch Neapel erreicht, nahmen meine Träumereien von einer ruhmreichen Zusammenarbeit ein jähes Ende. Maurice machte sich mit einem flüchtigen Kopfnicken auf den Weg zu seinem Hotel. Er war weder auf die Schönheit meiner Schwester noch auf mein heftiges Interesse für die DNS-Struktur hereingefallen. Offenbar lag unser beider Zukunft nicht in London. So machte ich mich nach Kopenhagen auf mit der Aussicht auf noch mehr Biochemie, die ich doch so gern gemieden hätte.

5

Ich konnte zwar Maurice vergessen, nicht aber seine DNS-Aufnahme. Es war undenkbar, dieses Bild, das möglicherweise der Schlüssel zum Geheimnis des Lebens war, aus meinem Kopf zu verdrängen. Meine völlige Unfähigkeit, es zu interpretieren, störte mich nicht weiter. Es war bestimmt besser, ich malte mir aus, daß ich berühmt werden würde, als daß ich zu einem in alltäglicher Routine erstickten Akademiker heranreifte, der nie einen eigenen Gedanken riskiert hatte. Darin wurde ich auch durch das sehr aufregende Gerücht bestärkt, Linus Pauling habe die Struktur der Proteine teilweise aufgeklärt. Die Nachricht erreichte mich in Genf, wo ich für ein paar Tage Station gemacht hatte, um mit dem Schweizer Phagenforscher Jean Weigle zu plaudern. Jean war gerade von einem Arbeitswinter im Cal Tech zurückgekommen. Kurz vor seiner Abreise hatte er sich noch den Vortrag angehört, in dem Linus seine Entdeckung bekanntgab.

Wie üblich hatte Pauling bei diesem Vortrag seinem Sinn für theatralische Effekte freien Lauf gelassen. Die Worte sprudelten hervor, als sei er sein ganzes Leben lang im Showgeschäft tätig gewesen. Ein Vorhang verbarg sein Modell, bis Pauling zum Ende seines Vortrags kam und voller Stolz seine neueste Kreation enthüllte. Dann erläuterte er augenzwinkernd die besonderen Kennzeichen, die sein Modell – die Alpha-Spirale – so einzigartig schön machten. Wie bei allen seinen verblüffenden Darbietungen waren sämtliche anwesenden jüngeren Studenten von dieser Show entzückt. So einen wie Linus gab es auf der ganzen Welt nicht noch einmal! Diese Kombination von wunderbarem Intellekt und ansteckendem Lächeln war einfach unübertrefflich! Mehrere seiner Kollegen jedoch beobachteten das Schauspiel mit gemischten Gefühlen. Mitanzusehen, wie Linus vor der Tafel hin und her hüpfte und die Arme bewegte gleich einem Zauberer, der dabei ist, ein Kaninchen aus seinem Schuh hervorzuzaubern, löste bei ihnen Minderwertigkeitsgefühle aus. Hätte er nur ein bißchen Bescheidenheit an den Tag gelegt, dann wäre alles so viel leichter zu verdauen gewesen! Selbst wenn er nur Unsinn vorbrächte – seine Studenten, hypnotisiert, wie sie waren, würden es wegen seines unbeirrbaren Selbstvertrauens nie merken. Etliche seiner Kollegen warteten in aller Ruhe auf den Tag, wo er irgend etwas Wichtiges verpatzte und damit gründlich auf die Nase fiel.

Ob Paulings Alpha-Spirale richtig war, konnte Jean mir damals allerdings auch nicht sagen. Er war kein Röntgen-Kristallograph und darum nicht in der Lage, das Modell fachmännisch zu beurteilen. Doch verschiedene seiner jüngeren Freunde, die in Strukturchemie ausgebildet worden waren, fanden, die Alpha-Spirale sehe sehr hübsch aus. Es lag also nahe, aus Jeans Informationen zu schließen, daß Linus recht hatte. War dies aber der Fall, so hatte er wieder einmal ein Meisterstück von außerordentlicher Bedeutung vollbracht. Er würde der erste sein, der hinsichtlich der Struktur eines der biologisch wichtigen Makromoleküle etwas wirklich Brauchbares vorzuschlagen hatte. Und es war durchaus denkbar, daß er eine sensationelle neue Methode entdeckt hatte, die auch auf die Nukleinsäuren angewendet werden konnte. Jean erinnerte sich jedoch an keinen besonderen Trick. Eine Beschreibung der Alpha-Spirale solle demnächst veröffentlicht werden – das war alles, was er mir sagen konnte.

Als ich nach Kopenhagen zurückkam, war inzwischen auch die Zeitschrift mit Linus' Artikel aus den Staaten eingetroffen. Ich überflog ihn erst einmal und las ihn dann noch einmal gründlich. Die meisten Sätze waren mir zu hoch, so daß ich mir nur einen allgemeinen Eindruck von seiner Beweisführung verschaffen konnte. Ich hatte keine Möglichkeit, zu beurteilen, ob sie sinnvoll war. Ich konnte nur sagen, daß der Artikel mit Schwung geschrieben war. Ein paar Tage später traf die folgende Nummer der Zeitschrift ein: sie enthielt sieben weitere Artikel von Pauling. Wieder war die Ausdrucksweise verwirrend und voller rhetorischer Tricks. Einer der Artikel begann mit dem Satz: «Kollagen ist ein sehr interessantes Protein.» Das inspirierte mich, alle möglichen Einleitungen für meinen Artikel über die DNS zu formulieren, den ich schreiben würde, falls ich ihre Struktur entdeckte. Ein Satz wie: «Gene sind für Genetiker sehr interessant», würde meine eigene Denkweise von der Paulings deutlich unterscheiden.

Ich begann mich ernsthaft darum zu kümmern, wo ich das Interpretieren von Röntgenstrahlenbeugungsbildern erlernen konnte. Das Cal Tech war nicht der geeignete Ort – Linus war ein zu bedeutender Mann, um seine Zeit mit dem Unterrichten eines mathematisch

Linus Pauling mit seinen Atommodellen

unterbelichteten Biologen zu verschwenden. Aber ich hatte auch keine Lust, mich von Wilkins noch einmal zurückweisen zu lassen. Blieb nur noch das englische Cambridge, wo sich, wie ich wohl wußte, ein Mann namens Max Perutz für die Struktur der biologischen Riesenmoleküle, und zwar insbesondere für die des Proteins Hämoglobin, interessierte. Ich schrieb also an Luria, berichtete ihm von meiner neuen Leidenschaft, und fragte ihn, ob er eine Idee hätte, wie man es arrangieren könne, daß ich in dem Labor in Cambridge Aufnahme fände. Wider Erwarten war das überhaupt kein Problem. Bald nach Erhalt meines Briefes fuhr Luria zu einem kleinen Kongreß in Ann Arbor und traf dort einen Mitarbeiter von Perutz, John Kendrew, der sich damals auf einer größeren Reise durch die Vereinigten Staaten befand. Zu meinem größten Glück machte Kendrew einen guten Eindruck auf Luria. Wie Kalckar war er ein gebildeter Mensch und obendrein Anhänger der Labour Party. Zudem war das Labor in Cambridge unterbesetzt, und Kendrew hielt Ausschau nach jemandem, mit dem zusammen er das Protein Myoglobin erforschen konnte. Luria versicherte ihm, ich sei der richtige Mann, und teilte mir sofort die gute Nachricht mit.

Das war Anfang August, also genau einen Monat vor Ablauf meines ersten Stipendiums. Mit anderen Worten, ich konnte es nicht mehr länger aufschieben, über die Änderung meiner Pläne nach Washington zu schreiben. Ich beschloß aber, noch so lange zu warten, bis ich aus Cambridge eine offizielle Zusage bekam. Es bestand immer noch die Möglichkeit, daß irgend etwas schiefging, und es schien mir vernünftig, den peinlichen Brief erst zu schreiben, wenn ich mit Perutz persönlich gesprochen hatte. Denn dann konnte ich sehr viel präziser darlegen, was ich in England zu leisten hoffte. Ich reiste jedoch nicht gleich ab. Ich war wieder im Labor, und die Experimente, die ich dort anstellte, machten mir auf ihre Art auch Spaß. Und was noch wichtiger war: ich wollte nicht vor dem bevorstehenden Internationalen Poliomyelitis-Kongreß weggehen, der diesmal mehrere Phagenforscher nach Kopenhagen führen sollte. Unter anderen wurde auch Max Delbrück erwartet, und da er Professor am Cal Tech war, wußte er vielleicht weitere Neuigkeiten über Paulings letzten Trick.

Delbrück brachte mir jedoch auch nicht die erhoffte Erleuchtung.

Die Alpha-Spirale hatte, selbst wenn sie richtig war, der Biologie keine neuen Einsichten vermittelt, und darüber zu sprechen, schien ihn zu langweilen. Selbst mein Hinweis, es existiere eine hübsche Röntgenaufnahme der DNS, entlockte ihm keine richtige Antwort. Doch ich hatte keine Zeit, Delbrücks typischer Schroffheit wegen in Depressionen zu versinken. Der Poliomyelitis-Kongreß war ein Erfolg ohnegleichen. Von dem Augenblick an, wo die Hunderte von Delegierten eintrafen, wurde eine Unmenge Gratis-Champagner ausgeschenkt, der teilweise mit amerikanischen Dollars finanziert worden war und die Schranken zwischen den Nationalitäten beseitigen sollte. Eine Woche lang gab es Abend für Abend Empfänge, Dinners und Mitternachtsausflüge zu den am Meer gelegenen Bars. Zum erstenmal machte ich mit jenem gesellschaftlichen Leben Bekanntschaft, das in meiner Vorstellung mit der dekadenten europäischen Aristokratie verbunden war. Langsam drang eine wichtige Wahrheit in meinen Kopf ein: nicht nur geistig, sondern auch gesellschaftlich konnte das Leben eines Forschers sehr interessant sein. In ausgezeichneter Stimmung reiste ich nach England ab.

6

Max Perutz war in seinem Büro, als ich gleich nach dem Mittagessen dort aufkreuzte. John Kendrew hielt sich noch in den Staaten auf, aber Perutz war auf meinen Besuch vorbereitet. John hatte ihm kurz geschrieben, ein amerikanischer Biologe werde im nächsten Jahr vielleicht mit ihm zusammenarbeiten. Ich erklärte, ich hätte keine Ahnung, wie sich die Röntgenstrahlen beugen, aber Max beruhigte mich sofort und versicherte, es sei keine komplizierte Mathematik erforderlich, um das zu begreifen: er und John hätten als Studenten Chemie gelernt. Ich brauchte nur ein Lehrbuch der Kristallographie zu lesen. Dann wäre ich imstande, genügend Theorie zu verstehen, um selbst Röntgenaufnahmen anfertigen zu können. Als Beispiel erzählte mir Max von seiner einfachen Idee zur Prüfung von Paulings Alpha-Spirale. Ein einziger Tag hatte ausgereicht, um die entscheidende Aufnahme zu machen, die Paulings Voraussage bestätigte. Ich verstand von dem, was Max sagte, kein Wort. Ich kannte nicht einmal das Braggsche Gesetz, den elementarsten Begriff der ganzen Kristallographie.

Anschließend gingen wir zusammen spazieren und hielten nach möglichen Buden für das kommende Jahr Ausschau. Als es Max klar wurde, daß ich direkt vom Bahnhof ins Labor gekommen war und noch keines der Colleges gesehen hatte, schlug er eine andere Richtung ein und führte mich, an der Rückfront entlang, durchs King's College und dann weiter zum Great Court des Trinity College. Ich hatte in meinem ganzen Leben noch nie so schöne Gebäude gesehen, und die letzten Bedenken, mein sicheres Biologendasein aufzugeben, schwanden dahin. So war ich auch nur sehr oberflächlich deprimiert, als ich in mehrere feuchte Häuser hineinsah, in denen, wie ich wußte, die Studentenzimmer waren. Aus den Romanen von Charles Dickens wußte ich, daß ich nicht ein Schicksal erleiden würde, das die Engländer sich selber versagten. Tatsächlich pries ich mich sehr glücklich, als ich ein Zimmer in einem zweistöckigen Haus in Jesus Green fand – eine herrliche Ecke und nur knapp zehn Minuten zu Fuß vom Labor entfernt.

Am nächsten Morgen ging ich wieder ins Cavendish-Laboratorium, da Max mich Sir Lawrence Bragg vorstellen wollte. Als Max hinauftelefonierte, um zu sagen, daß ich da sei, kam Sir Lawrence aus seinem Büro herunter, ließ mich ein paar Worte sprechen und zog sich dann zu einer Privatunterhaltung mit Max zurück. Nach wenigen Minuten tauchten sie beide wieder auf, und Bragg erteilte mir in aller Form die Erlaubnis, unter seiner Leitung zu arbeiten. Es war eine durch und durch britische Szene, und ich zog daraus beruhigt den Schluß, daß der weißbeschnurrbartete Bragg inzwischen den größten Teil des Tages in Londoner Clubs wie dem «Athenaeum» verbrachte.

In keinem Augenblick wäre ich damals auf den Gedanken gekommen, daß ich später einmal mit diesem Mann, der doch allem Anschein nach ein Relikt vergangener Zeiten war, Kontakt haben würde. Braggs Ruf war zwar unumstritten, aber er hatte das nach ihm benannte Gesetz noch vor dem Ersten Weltkrieg gefunden. Ich nahm daher an, daß er praktisch im Ruhestand lebte und an Dinge wie Gene nie auch nur einen Gedanken verschwendete. Ich dankte Sir Lawrence sehr höflich dafür, daß er mich aufnahm, und sagte Max, ich würde in drei Wochen zum Beginn des Herbstsemesters zurück sein. Dann fuhr ich wieder nach Kopenhagen; ich wollte meine paar Kleidungsstücke holen und Herman von meiner großartigen Chance erzählen, Kristallograph zu werden.

Herman erwies sich als wunderbar hilfsbereit. An das Stipendien-Büro in Washington wurde ein Brief gesandt, in dem er mit Begeisterung die Änderung meiner Pläne befürwortete. Gleichzeitig schrieb ich einen Brief nach Washington mit der Nachricht, meine laufenden Experimente über die Biochemie der Virusreproduktion könne man bestenfalls in einem oberflächlichen Sinne als interessant bezeichnen. Ich hätte den Wunsch, die konventionelle Biochemie aufzugeben, da ich nicht glaube, daß sie über das Wirken der Gene Aufschluß geben könne. Vielmehr wüßte ich inzwischen, so behauptete ich, daß die Röntgen-Kristallographie der Schlüssel zur Genetik sei. Ich ersuchte darum um Billigung meines Plans, nach Cambridge zu übersiedeln und in Perutz' Laboratorium zu arbeiten, um mich bei ihm in der kristallographischen Forschung auszubilden.

Ich sah keinen Grund, warum ich die Genehmigung in Kopenhagen abwarten sollte. Es erschien mir sinnlos, dort herumzusitzen und meine Zeit zu vergeuden. Eine Woche vorher war Maaløe für ein Jahr ans Cal Tech gegangen, und mein Interesse für Hermans Art von Biochemie war noch immer gleich null. Strenggenommen verstieß es natürlich gegen die Abmachungen, Kopenhagen zu verlassen. Andererseits konnte mein Gesuch ja gar nicht abgewiesen werden. Alle Welt wußte von Hermans ungeklärter Situation, und in Washington mußte man sich eigentlich längst fragen, wie lange ich es in Kopenhagen noch aushalten wollte. Doch rundheraus zu schreiben, daß Herman gar nicht mehr in seinem Labor erschien, wäre nicht nur unfair, sondern auch unnötig gewesen.

Jedenfalls war ich absolut nicht darauf gefaßt, einen abschlägigen Bescheid zu erhalten. Zehn Tage nach meiner Rückkehr nach Cambridge schickte mir Herman diese bedrückende Antwort nach, die an meine Kopenhagener Adresse gerichtet war. Der Stipendienausschuß war nicht damit einverstanden, daß ich an ein Laboratorium ging, von dem ich mangels jeder Vorbildung nichts profitieren könne. Man bat mich, meine Pläne noch einmal zu überdenken, da ich für die kristallographische Forschung nicht qualifiziert sei. Wollte ich jedoch an Caspersons Laboratorium für Zellphysiologie in Stockholm gehen, so werde der Stipendienausschuß einen dahingehenden Antrag wohlwollend prüfen.

Der Grund für diese ärgerliche Komplikation war nur allzu klar. Der Leiter des Stipendienausschusses war inzwischen nicht mehr Hans Clarke, ein netter Biochemiker und Freund von Herman, der gerade im Begriff stand, seinen Lehrstuhl an der Columbia University aufzugeben. Mein Brief war vielmehr in die Hände eines neuen Vorsitzenden geraten, dem offenbar sehr daran lag, die jungen Leute stärker zu dirigieren. Er war verärgert über meine Behauptung, ich zöge aus der Biochemie keinerlei Nutzen, und fand, damit sei ich zu weit gegangen. Ich schrieb an Luria und bat ihn um Hilfe. Er kannte den neuen Mann flüchtig. Vielleicht würde er seine Entscheidung rückgängig machen, wenn man ihm meinen Entschluß auf die richtige Weise darstellte.

Verschiedene Anzeichen deuteten zunächst darauf hin, daß Lurias Eingreifen tatsächlich eine Wendung zum Guten bewirken würde. So faßte ich neuen Mut, als ein Brief von ihm eintraf, in dem er mir mitteilte, man könne einige Schwierigkeiten ausräumen, wenn man gute Miene zum bösen Spiel mache. Ich solle nach Washington schreiben, einer der Hauptgründe für meinen Wunsch, nach Cambridge zu gehen, sei der Umstand, daß dort der englische Biochemiker Roy Markham lebe, der über Pflanzenviren arbeite. Markham blieb völlig ungerührt, als ich ihn in seinem Büro aufsuchte und ihm erzählte, er könne vielleicht einen vorbildlichen Studenten anheuern, der ihm nie Ungelegenheiten bereiten werde, indem er ihm das Labor mit Apparaten für seine Experimente vollstelle. Mein Plan war in seinen Augen ein typisches Beispiel dafür, daß die Amerikaner sich nicht zu benehmen wissen. Trotzdem versprach er, den Unsinn mitzumachen.

Mit der Gewißheit gewappnet, daß Markham nicht petzen würde, schrieb ich demütig einen langen Brief nach Washington, in dem ich darlegte, wie nützlich es für mich sein würde, sowohl bei Perutz als auch bei Markham zu arbeiten. Um der Ehrlichkeit willen schien es mir angebracht, am Ende des Briefes offiziell mitzuteilen, daß ich bereits in Cambridge war und dort zu bleiben gedachte, bis eine Entscheidung getroffen worden sei. Doch der neue Mann in Washington spielte nicht mit. Und um das Maß voll zu machen, adressierte er seinen Antwortbrief an Hermans Laboratorium: der Stipdendienausschuß prüfe zur Zeit meinen Fall. Sobald eine Entscheidung getroffen worden sei, werde man mich benachrichtigen. Man legte mir jedoch nahe, meine Schecks, die noch immer an jedem Monatsanfang nach Kopenhagen geschickt wurden, vorläufig nicht einzulösen.

Die Aussicht, im Laufe des kommenden Jahres für meine Arbeit an der DNS nicht bezahlt zu werden, war glücklicherweise nur unangenehm und nicht fatal. Ich hatte für Kopenhagen ein Stipendium von 3000 Dollar bekommen, und das war dreimal so viel, wie man brauchte, um wie ein wohlhabender dänischer Student zu leben. Selbst wenn ich die letzten Einkäufe meiner Schwester, zwei schicke Pariser Kostüme, finanzieren mußte, blieben mir immer noch 1000 Dollar, genug, um sich ein Jahr in Cambridge durchzuschlagen. Meine Vermieterin erwies sich auch als hilfreich: sie warf mich nach weniger als einem Monat hinaus. Mein Hauptverbrechen bestand darin, daß ich die Schuhe nicht auszog, wenn ich nach neun Uhr abends, wo ihr Mann zu Bett ging, nach Hause kam. Auch vergaß ich gelegentlich das Gebot, zu solch nächtlicher Stunde nicht mehr die Wasserspülung zu betätigen, und was noch schlimmer war, ich ging nach zehn Uhr abends aus. Um diese Zeit war in Cambridge nichts mehr geöffnet, meine Beweggründe erschienen also verdächtig. John und Elizabeth Kendrew retteten mich. Sie boten mir zu einem geringfügigen Mietpreis ein Zimmerchen in ihrem Haus in der Tennis Court Road an. Es war unbeschreiblich feucht und hatte nur eine uralte elektrische Heizung. Trotzdem nahm ich das Angebot sofort an. Es sah zwar aus wie eine unverhüllte Aufforderung, sich eine Tuberkulose zu holen, aber die Möglichkeit, bei Freunden zu wohnen, zog ich allen Buden, die ich jetzt, in letzter Minute, noch finden konnte, tausendmal vor. Und ohne eine Spur von schlechtem Gewissen beschloß ich, so lange in der Tennis Court Road zu bleiben, bis meine finanzielle Lage sich gebessert hatte.

7

Von meinem ersten Tag im Labor an wußte ich, daß ich Cambridge nicht so bald wieder verlassen würde. Es wäre der reine Wahnsinn gewesen, hier wegzugehen; ich hatte nämlich auf Anhieb erkannt, was für ein Vergnügen es war, sich mit Francis Crick zu unterhalten. Daß ich in Max' Labor jemanden gefunden hatte, der wußte, daß die DNS wichtiger war als alle Proteine, war ein wahres Glück. Außerdem fühlte ich mich sehr erleichtert, daß ich nicht meine ganze Zeit mit dem Erlernen der röntgenographischen Analyse von Proteinen verbringen mußte. Bald kreisten unsere Tischgespräche nur noch um das Problem, wie die Gene zusammengesetzt waren. Und schon wenige Tage nach meiner Ankunft wußten wir, was wir zu tun hatten: Linus Pauling nachmachen und ihn mit seinen eigenen Waffen schlagen.

Paulings Erfolg mit der Polypeptidkette hatte Francis natürlich auf die Idee gebracht, daß sich die gleichen Tricks möglicherweise auch auf die DNS anwenden ließen. Aber solange niemand auch nur im entferntesten daran dachte, daß die DNS der Punkt war, um den sich alles drehte, hielten ihn die zu erwartenden persönlichen Schwierigkeiten mit dem King's Labor davon ab, eine DNS-Aktion zu starten. Und im übrigen: auch wenn er das Hämoglobin nicht für den Mittelpunkt der Welt hielt, so waren doch die beiden letzten Jahre im Cavendish-Laboratorium für Francis gewiß nicht langweilig gewesen. Ständig tauchten mehr als genug Protein-Probleme auf, für die man jemanden mit einem Hang zur Theorie brauchte. Doch jetzt, seit ich im Labor herumlungerte und dauernd über Gene reden wollte, verbannte Francis seine Gedanken über die DNS nicht mehr in den Winkel seines Gehirns. Andererseits hatte er keineswegs die Absicht, sein Interesse an den anderen Problemen des Laboratoriums aufzugeben. Niemand konnte jedoch daran Anstoß nehmen, wenn er ein paar Stunden in der Woche darauf verwandte, über die DNS nachzudenken, und mir auf diese Weise half, ein verdammt wichtiges Problem zu lösen.

Das alles brachte John Kendrew bald zu der Einsicht, daß ich ihm kaum dabei helfen würde, die Myoglobinstruktur aufzuklären. Da es ihm nicht gelingen wollte, genügend große Kristalle von Pferde-Myoglobin zu züchten, hatte er anfangs gehofft, ich hätte vielleicht eine glücklichere Hand. Indessen ließ sich mühelos durchschauen, daß ich mich bei meinen Manipulationen im Labor weit weniger geschickt anstellte als ein Schweizer Chemiker. Ungefähr vierzehn Tage nach meiner Ankunft in Cambridge gingen wir zum dortigen Schlachthof, um uns ein Pferdeherz für ein neues Myoglobinpräparat zu holen. Mit etwas Glück hofften wir die Beschädigung der Myoglobinmoleküle, die diese oft am Kristallisieren hindert, vermeiden zu können, indem wir das Herz des Ex-Rennpferds sofort in den Eisschrank steckten. Aber bei den Kristallisationsversuchen, die ich dann anstellte, hatte ich auch nicht mehr Erfolg als John. In gewisser Weise war ich sogar froh darüber. Wären die Versuche gelungen, hätte John mich wahrscheinlich für seine Röntgenaufnahmen eingespannt.

Nun hinderte mich nichts mehr daran, jeden Tag mindestens ein paar Stunden mit Francis zu diskutieren. Ständig nachzudenken war selbst für Francis zuviel, und oft, wenn er von seinen Gleichungen völlig ausgelaugt war, pflegte er aus meinem Reservoir an Phagen-Weisheit zu schöpfen. Ein andermal versuchte er wohl auch, mir das Gehirn mit kristallographischen Fakten vollzustopfen, die man sich sonst nur durch mühsame Lektüre der einschlägigen Zeitschriften aneignen konnte. Besonders wichtig erschienen uns die exakten Beweise, deren Kenntnis erforderlich war, um zu verstehen, wie Linus Pauling seine Alpha-Spirale entdeckt hatte.

Ich kam bald dahinter, daß Paulings Leistung ein Produkt des gesunden Menschenverstandes und nicht das Ergebnis komplizierter mathematischer Überlegungen war. Hier und da hatte sich eine Gleichung in seine Beweisführung verirrt, aber in den meisten Fällen hätten Worte es auch getan. Der Schlüssel zu Paulings Erfolg war sein Vertrauen auf die einfachen Gesetze der Strukturchemie. Die Alpha-Spirale war nicht etwa durch ewiges Anstarren von Röntgenaufnahmen gefunden worden. Der entscheidende Trick bestand vielmehr darin, sich zu fragen, welche Atome gern nebeneinander sitzen. Statt Bleistift und Papier war das wichtigste Werkzeug bei dieser Arbeit ein Satz von Molekülmodellen, die auf den ersten Blick dem Spielzeug der Kindergarten-Kinder glichen.

Wir sahen also keinen Grund, warum wir das DNS-Problem nicht auf die gleiche Weise lösen sollten. Alles, was wir zu tun hatten, war, einen Satz Molekülmodelle zu bauen und dann damit zu spielen – wenn wir ein bißchen Glück hatten, würde die Struktur eine Spirale sein. Jede andere Art der Anordnung würde sich als ungleich komplizierter erweisen. Aber solange die Möglichkeit einer einfachen Lösung nicht ganz auszuschließen war, wäre es ja verrückt gewesen, sich wegen etwaiger Komplikationen Sorgen zu machen. Pauling hatte seine Erfolge auch nicht dadurch erzielt, daß er das Haar in der Suppe suchte.

Schon in unseren ersten Gesprächen gingen wir davon aus, daß das DNS-Molekül eine sehr große Zahl von Nukleotiden enthielt, die auf regelmäßige Weise linear miteinander verbunden waren. Auch hier stützte sich unsere Argumentation hauptsächlich auf die Einfachheit. Die organischen Chemiker in Alexander Todds nahe gelegenem Labor hielten diese Grundanordnung zwar für richtig, aber sie waren noch weit davon entfernt, mittels chemischer Methoden nachweisen zu können, daß all die Bindungen zwischen den Nukleotiden identisch waren. Falls dies jedoch nicht zutraf, wußten wir nicht, wie sich die DNS-Moleküle zusammentaten, um die von Maurice Wilkins und Rosalind Franklin untersuchten kristallinen Aggregate zu bilden. Sofern wir nicht feststellten, daß wir nicht mehr weiterkamen, bestand also die beste Methode darin, das Zucker-Phosphat-Skelett als äußerst regelmäßig zu betrachten und nach einer dreidimensionalen, spiralförmigen Anordnung zu suchen, bei der alle Gruppen des Skeletts sich in der gleichen chemischen Umgebung befanden.

Wir erkannten sofort, daß die Lösung des DNS-Problems wahrscheinlich verzwickter war als die der Alpha-Spirale. In der Alpha-Spirale ist eine einzige Polypeptidkette (Polypeptid = Ansammlung von Aminosäuren) zu einem spiralförmigen Gebilde eingerollt, das durch Wasserstoffbindungen zwischen Gruppen derselben Kette zusammengehalten wird. Aber nach dem, was Maurice Francis erzählt hatte, war der Durchmesser des DNS-Moleküls größer, als dies der Fall sein würde, wenn nur eine einzige Polynukleotidkette (Polynukleotid = Ansammlung von Nukleotiden) vorhanden war. Das hatte ihn auf den Gedanken gebracht, das DNS-Molekül könne eine mehrsträngige, aus mehreren umeinander geschlungenen Polynukleotidketten bestehende Spirale sein. Stimmte das, dann mußte man sich

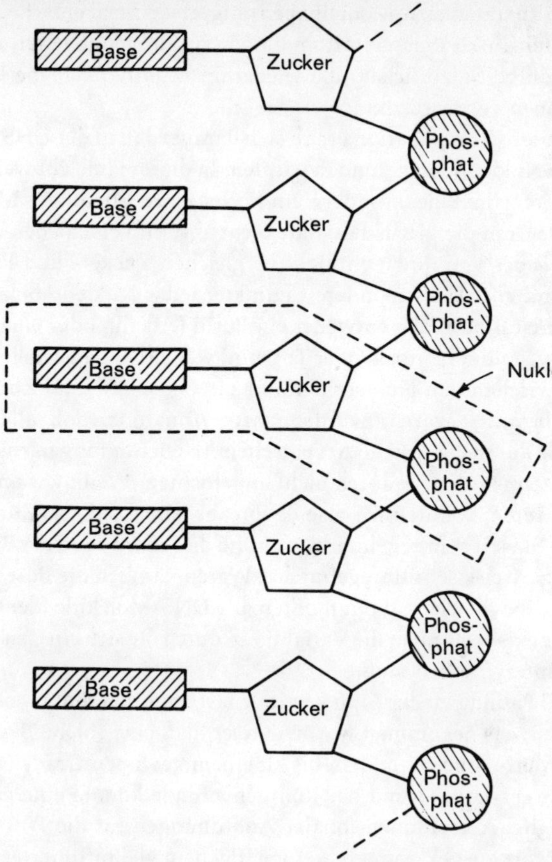

Ein kurzer Abschnitt der DNS, wie ihn sich Alexander Todd und sein Forschungsteam 1951 vorstellten. Sie glaubten, alle internukleotiden Bindungen seien Phosphodiester-Bindungen, die ein Zucker-Kohlenstoffatom $_5$ mit einem Zucker-Kohlenstoffatom $_3$ des benachbarten Nukleotids verbinden. Als organische Chemiker befaßten sie sich mit den Bindungen zwischen den Atomen und überließen den Kristallographen das Problem der räumlichen Anordnung der Atome.

bevor man ans ernsthafte Modellbauen ging, erst einmal entscheiden, ob die Ketten durch Wasserstoffbindungen zusammengehalten wurden oder durch Salzbrücken, die wiederum negativ geladene Phosphatgruppen voraussetzten.

Eine weitere Komplikation ergab sich daraus, daß in der DNS vier Arten von Nukleotiden gefunden wurden. In dieser Hinsicht war die DNS kein regelmäßiges, sondern ein höchst unregelmäßiges Molekül. Doch waren die vier Nukleotide nicht absolut verschieden voneinander: jedes von ihnen enthielt die gleichen Zucker- und Phosphatbestandteile. Der besondere Charakter jedes Nukleotids lag in seiner Stickstoffbase, die entweder ein Purin (Adenin oder Guanin) oder ein Pyrimidin (Cytosin oder Thymin) war. Aber da bei den Bindungen zwischen den Nukleotiden nur die Phosphat- und Zuckergruppen beteiligt waren, wurde unsere Annahme, daß alle die Nukleotide durch die gleiche Art von chemischen Bindungen zusammengehalten wurden, dadurch nicht angefochten. Wenn wir unsere Modelle bauten, konnten wir also davon ausgehen, daß das Zucker-Phosphat-Skelett sehr regelmäßig war und die Anordnung der Basen notwendigerweise sehr unregelmäßig. Waren nämlich die Basenfolgen immer die gleichen, dann mußten alle DNS-Moleküle identisch sein und es existierte nicht die Variabilität, durch die sich ein Gen vom anderen unterscheiden mußte.

Obwohl Pauling zu der Alpha-Spirale fast ohne den röntgenologischen Nachweis gekommen war, wußte er, daß eine solche Bestätigung existierte, und hatte dem bis zu einem gewissen Grade Rechnung getragen. Auf Grund der Röntgenbefunde konnte eine ganze Reihe möglicher dreidimensionaler Anordnungen für die Polypeptidkette sofort ausgeklammert werden. Bei dem viel raffinierter aufgebauten DNS-Molekül sollten uns die Röntgenbefunde helfen, wesentlich schneller voranzukommen. Allein schon die Prüfung des Röntgenbildes der DNS konnte eine ganze Anzahl falscher Starts verhindern. Glücklicherweise existierte in der Fachliteratur bereits eine halbwegs brauchbare Aufnahme. Der englische Kristallograph W. T. Astbury hatte sie fünf Jahre zuvor aufgenommen, und wir konnten sie verwenden, um überhaupt erst einmal anzufangen. Wenn wir jedoch über die weit besseren Kristallaufnahmen von Maurice verfügten, würde uns das vielleicht sechs Monate oder ein ganzes Jahr

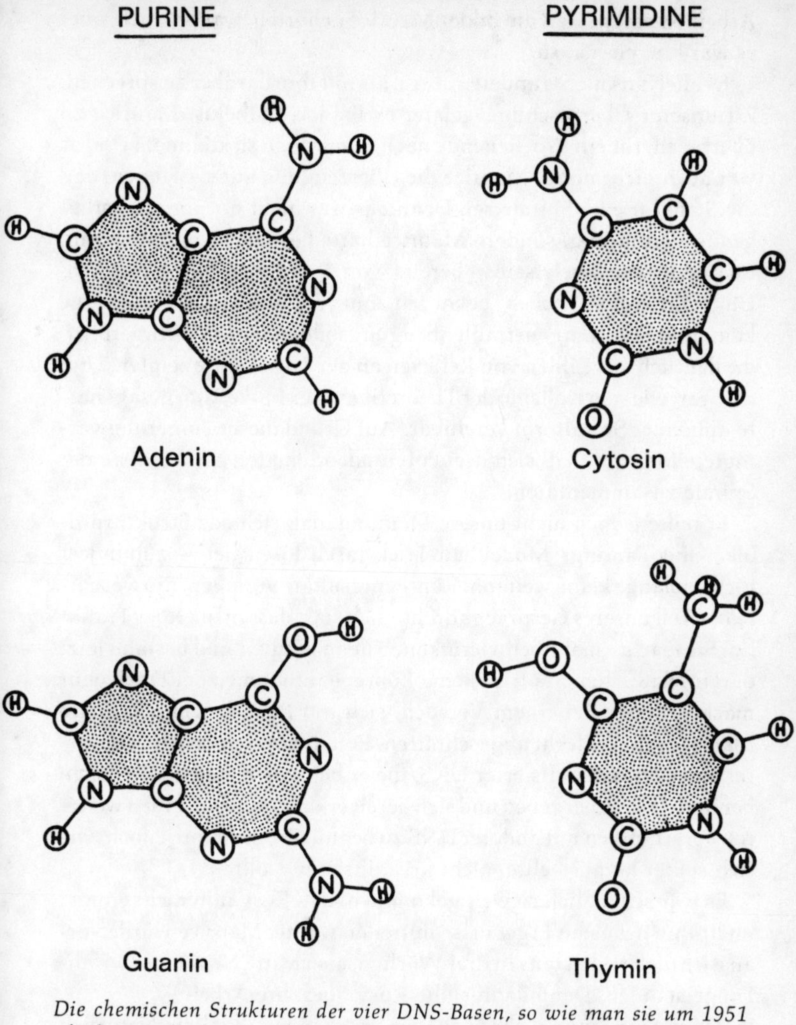

Die chemischen Strukturen der vier DNS-Basen, so wie man sie um 1951 oft dargestellt hat. Da die Elektronen in den fünf- und sechsgliedrigen Ringen nicht lokalisiert sind, haben alle Basen eine platte Form und sind 3.4 Ångström dick.

Arbeit ersparen. Daß die Bilder Maurice gehörten, war peinlich, aber es war nun einmal so.

Es blieb uns nichts anderes übrig, als mit ihm darüber zu sprechen. Zu unserer Überraschung gelang es Francis mühelos, Maurice zu überreden, für ein Wochenende nach Cambridge zu kommen. Und es war auch nicht nötig, Maurice die Überzeugung aufzuzwingen, daß die Struktur eine Spirale sei. Denn das war nicht nur die nächstliegende Vermutung, sondern Maurice hatte bei einer Sommertagung in Cambridge auch selbst bereits von Spiralformen gesprochen. Ungefähr sechs Wochen, bevor ich zum erstenmal nach Cambridge kam, hatte er Röntgenstrahlenbeugungsbilder der DNS vorgeführt, die deutlich das Fehlen von Reflexen an der Mittelachse zeigten. Und das war, wie sein Kollege, der Theoretiker Alex Stoke, ihm gesagt hatte, mit einer Spiralform vereinbar. Auf Grund dieser Folgerung vermutete Maurice, daß sich drei Polynukleotidketten zum Aufbau der Spirale zusammentaten.

Er teilte jedoch nicht unsere Meinung, daß sich das Strukturproblem mit Paulings Modellbau-Trick rasch lösen ließ – zumindest nicht, solange keine weiteren Röntgenresultate vorlagen. Ein wesentlicher Teil unseres Gesprächs drehte sich statt dessen um Rosy Franklin. Sie machte mehr Schwierigkeiten denn je zuvor und bestand jetzt darauf, daß selbst Maurice keine Röntgenaufnahmen der DNS mehr machen dürfe. Bei einem Versuch, sich mit Rosy zu einigen, hatte Maurice sehr schlecht abgeschnitten. Er hatte ihr seinen ganzen Vorrat an guter, kristallisierter DNS, die er bei seinen ersten Versuchen benutzt hatte, übergeben und sich bereit erklärt, sich bei seinen weiteren Forschungen mit anderer DNS zu begnügen, die dann jedoch, wie sich später herausstellte, nicht kristallisieren wollte.

Es war schließlich so weit gekommen, daß Rosy ihm nicht einmal mehr ihre neuesten Ergebnisse mitteilen wollte. Maurice würde voraussichtlich frühestens in drei Wochen, also Mitte November, erfah-
Dinge standen. Denn dann sollte Rosy über ihre Arbeit
in den vergangenen sechs Monaten ein Seminar abhalten. Natürlich war ich entzückt, als Maurice sagte, er würde sich freuen, wenn ich zu Rosys Vortrag käme. Zum erstenmal fühlte ich mich wirklich angespornt, ein bißchen Kristallographie zu lernen: ich wollte nicht, daß mir Rosys Ausführungen zu hoch waren.

8

Ganz unerwartet sank Francis' Interesse für die DNS kaum eine Woche später vorübergehend fast auf den Nullpunkt. Der Grund dafür war, daß er beschlossen hatte, einen Kollegen des Ignorierens seiner Ideen zu beschuldigen. Die Anklage richtete sich gegen niemand anders als seinen eigenen Professor. Dies ereignete sich an einem Samstagmorgen, knapp einen Monat nach meiner Ankunft. Tags zuvor hatte Max Perutz ihm ein neues, von Sir Lawrence und ihm selbst verfaßtes Manuskript gegeben, das von der Form des Hämoglobinmoleküls handelte. Francis las den Text rasch durch und wurde wütend, denn er stellte fest, daß die Beweisführung zu einem Teil auf einer theoretischen Idee fußte, die er vor etwa neun Monaten vorgeschlagen hatte. Francis erinnerte sich, und das machte die Sache noch schlimmer, daß er diese Idee jedem im Labor begeistert verkündet hatte. Dennoch wurde sein Beitrag mit keinem Wort der Anerkennung erwähnt. Fast unmittelbar nachdem er hereingestürzt war und Max und John Kendrew von der Schandtat erzählt hatte, eilte er hinauf zu Braggs Büro, um eine Erklärung, wo nicht gar eine Entschuldigung zu verlangen. Aber Bragg war bei sich zu Hause, und Francis mußte bis zum nächsten Morgen warten. Dieser Aufschub machte die Konfrontation leider nicht erfreulicher.

Sir Lawrence stritt glattweg ab, von Francis' Bemühungen vorher Kenntnis gehabt zu haben, und war über die Unterstellung, er habe stillschweigend die Ideen eines anderen Wissenschaftlers benutzt, tief gekränkt. Francis wiederum konnte einfach nicht glauben, daß Bragg vielleicht vor lauter Dickfelligkeit eine von ihm so oft wiederholte Idee nicht zur Kenntnis genommen hatte, und er gab das Bragg deutlich genug zu verstehen. Eine Fortsetzung des Gesprächs wurde unmöglich, und in weniger als zehn Minuten war Francis wieder aus dem Büro des Professors heraus.

Dieser Zusammenstoß war für Bragg, was seine Beziehungen zu Francis anlangte, der Tropfen, der das Faß zum Überlaufen brachte. Ein paar Wochen vorher war Bragg eines Tages ganz aufgeregt ins Labor gekommen, weil er am Abend zuvor eine Idee gehabt hatte, die er und Perutz dann später in ihre Veröffentlichung aufnahmen. Während er sie Perutz und Kendrew auseinandersetzte, stieß Crick zufällig zu der Gruppe. Zu Braggs großem Verdruß akzeptierte Francis die Idee nicht sofort, sondern erklärte, er wolle erst einmal gehen und prüfen, ob Bragg recht habe oder nicht. Bei dieser Szene war Bragg völlig aus dem Häuschen geraten, und mit reichlich hohem Blutdruck hatte er sich auf den Heimweg gemacht, wahrscheinlich um seiner Frau von den letzten Streichen dieses schwierigen Kindes zu erzählen.

Aber die neue Kontroverse war für Francis eine Katastrophe, und als er ins Labor herunterkam, sah man ihm sein Unbehagen an. Bragg hatte Francis, als er ihn aus seinem Zimmer schickte, voll Ärger gesagt, er werde es sich ernsthaft überlegen, ob er ihm nach Abschluß seiner Doktorarbeit noch weiterhin einen Platz im Laboratorium geben könne. Die Aussicht, sich bald nach einer neuen Stellung umsehen zu müssen, machte Francis offensichtlich zu schaffen. Unser anschließendes Mittagessen im «Eagle», der Kneipe, wo wir gewöhnlich aßen, verlief in gedämpfter Stimmung und ohne die sonst üblichen Lachsalven.

Seine Besorgnis war keineswegs unbegründet. Obwohl er wußte, daß er nicht nur intelligent, sondern auch fähig war, neue Ideen zu produzieren, konnte er sich auf keine bestimmten geistigen Leistungen berufen und hatte noch immer nicht seinen Doktor. Er stammte aus einer gutbürgerlichen Familie und hatte die Schule in Mill Hill besucht. Später studierte er Physik am University College in London, und als er gerade angefangen hatte, auf einen akademischen Grad hin zu arbeiten, brach der Krieg aus. Wie fast alle englischen Wissenschaftler beteiligte er sich am Kriegsdienst und wurde der wissenschaftlichen Abteilung der Admiralität zugewiesen. Er arbeitete dort sehr tüchtig, und wenn auch viele an seinem unaufhörlichen Redefluß Anstoß nahmen, so galt es doch schließlich, einen Krieg zu gewinnen, und beim Herstellen raffinierter magnetischer Minen erwies Francis sich als recht nützlich. Als der Krieg dann aber vorbei war, sahen einige seiner Kollegen nicht ganz ein, warum sie ihn nun ewig um sich haben sollten, und eine Zeitlang gab man ihm allen Anlaß, zu glauben, daß er im wissenschaftlichen Zivildienst keinerlei Aussichten habe.

Überdies hatte er jede Lust verloren, bei der Physik zu bleiben, und

Sir Lawrence Bragg an seinem Schreibtisch im Cavendish-Laboratorium

so beschloß er, es statt dessen mit der Biologie zu versuchen. Mit Hilfe des Physiologen A. V. Hill bekam er eine kleine Studienbeihilfe, die es ihm ermöglichte, im Herbst 1947 nach Cambridge zu gehen. Zu Anfang trieb er richtige Biologie im Strangeways-Laboratorium, aber offenbar fand er diese Beschäftigung zu trivial, und zwei Jahre später siedelte er ins Cavendish über, wo er sich Perutz und Kendrew anschloß. Hier begeisterte er sich von neuem für die Wissenschaft und fand, daß er vielleicht doch noch seinen Doktor machen sollte. Er schrieb sich als Forschungsstudent (am Caius College) ein und gab Max als Doktorvater an. Für einen Mann, dessen Geist viel zu schnell arbeitete, um sich mit der Langeweile abzufinden, die mit dem Vorbereiten einer Thesis verbunden ist, war dieses Unternehmen eine lästige Sache. Andererseits trug ihm sein Entschluß einen unvorhergesehenen Vorteil ein: bevor er seinen Grad erhielt, konnte man ihn in dieser Krisenzeit kaum entlassen.

Max und John eilten Francis sofort zu Hilfe und setzten sich bei Bragg für ihn ein. John bestätigte, daß Francis vorher einen Bericht über den zur Debatte stehenden Punkt geschrieben hatte, und Bragg erkannte an, daß sie beide unabhängig voneinander dieselbe Idee gehabt hatten. Bragg hatte sich inzwischen auch wieder beruhigt, und die Sache mit Francis' Entlassung wurde stillschweigend begraben. Ihn zu behalten, fiel Bragg jedoch nicht leicht. Eines Tages, in einem Augenblick der Verzweiflung, gestand er, Crick verursache ihm Ohrensausen. Außerdem konnte ihn nichts davon überzeugen, daß man Crick brauchte. Seit fünfunddreißig Jahren habe Francis nun schon ununterbrochen geredet, und bisher sei so gut wie nichts von entscheidendem Wert dabei herausgekommen.

9

Eine neue Gelegenheit zum Theoretisieren brachte Francis bald wieder in Form. Ein paar Tage nach dem Fiasko mit Bragg kam von dem Kristallographen V. Vand ein an Max gerichteter Brief, der eine Theorie für die Beugung von Röntgenstrahlen durch spiralförmige Moleküle enthielt. Spiralen standen in unserem Labor damals im Mittelpunkt des Interesses, und zwar hauptsächlich wegen Paulings Alpha-Spirale. Doch fehlte es noch an einer allgemeinen Theorie, die sowohl zur Prüfung neuer Modelle als auch zur Bestätigung der feineren Details der Alpha-Spirale geeignet war. Und genau das erhoffte sich Vand von seiner Theorie.

Francis entdeckte sofort einen schwerwiegenden Fehler in Vands Versuchen. Es interessierte ihn nun brennend, die richtige Theorie zu finden, und er stürmte die Treppe hinauf, um mit Bill Cochran, einem kleinen, stillen Schotten, zu sprechen, der damals Dozent für Kristallographie am Cavendish-Laboratorium war. Bill war bei weitem der klügste unter den jüngeren Röntgenleuten in Cambridge, und obwohl er sich mit den biologischen Riesenmolekülen nicht weiter befaßte, fand Francis mit seinen häufigen abenteuerlichen Exkursen in die Theorie bei ihm immer den gescheitesten Widerhall. Wenn Bill sagte, diese oder jene Idee sei anfechtbar oder werde zu nichts führen, wußte Francis mit Sicherheit, daß kein Berufsneid im Spiel war. Diesmal jedoch äußerte sich Bill gar nicht so skeptisch, denn er hatte unabhängig von Francis Fehler in Vands Manuskript gefunden und angefangen, über die richtige Lösung nachzudenken. Seit Monaten setzten Max und Bragg ihm zu, er solle die Spiralentheorie ausarbeiten, und er hatte noch nicht einmal damit angefangen. Jetzt, wo Francis auch noch drängte, begann er ernsthaft zu überlegen, wie man die Gleichungen aufstellen konnte.

Den Rest des Morgens verbrachte Francis schweigsam und in mathematische Gleichungen vertieft. Beim Mittagessen im «Eagle» bekam er plötzlich fürchterliche Kopfschmerzen und ging nach Hause, statt ins Labor zurückzukehren. Aber vor der Gasheizung sitzen und nichts tun, langweilte ihn, und so nahm er sich wieder seine Gleichungen vor. Zu seinem Entzücken stellte er bald fest, daß er die richtige Lösung hatte. Trotzdem unterbrach er die Arbeit, da er und seine Frau Odile zu einer Weinprobe bei Matthews, einem der besseren Weinhändler in Cambridge, eingeladen waren. Diese Einladung zum Weinkosten hatte ihn schon seit Tagen moralisch gestärkt. Sie bedeutete die Aufnahme in einen fashionableren und amüsanteren Kreis der Cambridger Gesellschaft und half ihm, sich damit abzufinden, daß er von einer Anzahl langweiliger, prätentiöser Universitätsleute nicht geschätzt wurde.

Er und Odile wohnten damals am «Green Door», in einer winzigen, billigen Wohnung unmittelbar unter dem Dach eines mehrere hundert Jahre alten Hauses, gegenüber dem St. John's College, auf der anderen Seite der Bridge Street. Sie hatten nur zwei Zimmer von nennenswerten Ausmaßen, ein Wohnzimmer und ein Schlafzimmer. Alle anderen Räume, einschließlich der Küche, in der die Badewanne der größte und auffälligste Gegenstand war, existierten praktisch gar nicht. Aber trotz der Enge hatte die Wohnung einen besonderen Charme, den Odile mit ihrem Sinn für das Dekorative noch erhöht hatte und von dem eine heitere, ja ausgelassene Atmosphäre ausging. Hier spürte ich zum erstenmal die Vitalität des geistigen Lebens in England, eine Vitalität, von der ich während der ersten Tage in meinem viktorianischen Zimmer ein paar hundert Meter weiter in Jesus Green absolut nichts bemerkt hatte.

Sie waren damals drei Jahre verheiratet. Francis' erste Ehe hatte nicht lange gedauert, und seine Mutter und eine Tante kümmerten sich um seinen Sohn Michael. Francis hatte dann mehrere Jahre allein gelebt, bis Odile, die fünf Jahre jünger war als er, nach Cambridge kam. Sie bestärkte ihn in seinem Widerwillen gegen die spießigen, bürgerlichen Kreise und deren Freude an harmlosen, für Menschen, die das Gespräch liebten, ziemlich unergiebigen Vergnügungen wie Segeln und Tennis. Politik und Religion sagten ihnen beiden nichts. Die Religion war eindeutig ein Irrtum früherer Generationen, und Francis sah keinen Grund, darin zu verharren. Nicht so sicher bin ich, warum die beiden so gar keinen Enthusiasmus für politische Fragen entwickelten. Vielleicht war es einfach eine Folge des Krieges, dessen Härte sie nun vergessen wollten. Jedenfalls lag die *Times* nicht auf dem Frühstückstisch, und sie interessierten sich mehr für die *Vogue*, die einzige Zeitschrift, die sie abonniert hatten und über die Francis des langen und breiten diskutieren konnte.

Ich ging damals oft nach Green Door zum Abendessen. Francis war immer begierig, unsere Gespräche fortzusetzen, während ich fröhlich jede Gelegenheit ergriff, der miserablen englischen Küche zu entgehen, die bei mir in regelmäßigen Abständen die Furcht aufkommen ließ, ich hätte vielleicht ein Magengeschwür. Odile hatte von ihrer französischen Mutter eine gründliche Verachtung für die phantasielose Wohn- und Eßweise der meisten Engländer mitbekommen. Insofern hatte Francis nie Ursache, die Collegedozenten zu beneiden, deren Verpflegung am Professorentisch zweifellos besser war als die faden Mixturen von geschmacklosem Fleisch, gekochten Kartoffeln, farblosem Gemüse und typischen Aufläufen, die sie von ihren Frauen vorgesetzt bekamen. Das Abendessen bei ihm zu Hause war dagegen oft ausgesprochen lustig, vor allem wenn der Wein die Unterhaltung auf die Mädchen brachte, die in Cambridge jeweils Tagesgespräch waren.

Francis' Begeisterung für junge Frauen kannte keine Grenzen – das heißt, sofern sie einigermaßen vital waren und ein gewisses Etwas hatten, so daß man mit ihnen plaudern und sich amüsieren konnte. Als junger Mann hatte er nur wenige Frauen gekannt, und erst jetzt entdeckte er, welche Würze sie dem Leben gaben. Odile hatte nichts gegen diese Neigung. Sie sah, daß sie mit seiner Emanzipierung von seiner langweiligen Northamptoner Jugend zusammenhing und diesen Prozeß wahrscheinlich beschleunigte. Beide sprachen häufig und ausgiebig über die kunstgewerblerisch angehauchten Kreise, in denen Odile verkehrte und wo sie häufig eingeladen waren. Kein wichtiges Ereignis blieb von unserem Klatsch verschont, und mit dem gleichen Vergnügen erzählte Francis von seinen gelegentlichen Schnitzern. So war er zum Beispiel einmal mit einem langen roten Bart, mit dem er aussah wie ein junger G. B. Shaw, zu einem Kostümfest gegangen. Kaum hatte er den Saal betreten, wurde ihm klar, daß er einen schrecklichen Fehler gemacht hatte: keine der jungen Frauen ließ sich gern von seinen feuchten, struppigen Barthaaren kitzeln, wenn er auf Kußnähe kam.

Aber bei der Weinprobe waren keine jungen Frauen. Die anderen Geladenen waren zu seinem und Odiles Entsetzen ausschließlich Collegeleute, die selbstgefällig über die lästigen Verwaltungsprobleme sprachen, mit denen sie sich beklagenswerterweise herumschlagen mußten. Die beiden gingen früh nach Hause, und Francis, der wider Erwarten nüchtern geblieben war, dachte weiter über sein Problem nach.

Am nächsten Morgen kam er ins Labor und erzählte Max und John von seinem Erfolg. Ein paar Minuten später kam Bill Cochran in sein Büro, und Francis fing noch einmal mit seiner Geschichte an. Aber noch bevor er seinen Beweis loswerden konnte, erklärte Bill, er glaube ebenfalls, es geschafft zu haben. Hastig gingen sie zusammen ihre entsprechenden Gleichungen durch und entdeckten, daß Bill – im Vergleich zu Francis' umständlicherer Methode – eine elegante Ableitung benutzt hatte. Doch stellten sie voll Freude fest, daß sie beide zu dem gleichen Endergebnis gelangt waren. Daraufhin prüften sie die Alpha-Spirale visuell mit Hilfe von Max' Röntgendiagrammen. Die Übereinstimmung war so vollständig, daß sowohl Paulings Modell als auch ihre Theorie richtig sein mußten.

Innerhalb weniger Tage war ein ausgefeiltes Manuskript fertig und wurde frohlockend an *Nature* gesandt. Gleichzeitig ging eine Kopie an Pauling zur Beurteilung. Dieses Ergebnis, sein erster unbestreitbarer Erfolg, war ein beachtlicher Triumph für Francis. Ausnahmsweise hatte ihm das Fehlen weiblicher Wesen Glück gebracht.

10

Bis Mitte November, als Rosys Vortrag über die DNS abrollte, hatte ich mir genügend kristallographische Kenntnisse angeeignet, um einem großen Teil ihrer Vorlesung folgen zu können. Und was das wichtigste war, ich wußte, worauf ich meine Aufmerksamkeit konzentrieren mußte. Nachdem ich Francis nun schon sechs Wochen lang zugehört hatte, war mir bewußt, wo der springende Punkt lag: ob Rosys neue Röntgenbilder die Theorie, daß die DNS eine spiralförmige Struktur hatte, stützten. Und wirklich relevant würden alle diejenigen experimentellen Einzelheiten sein, die uns einen Anhaltspunkt für das Konstruieren von Molekülmodellen geben konnten. Man brauchte Rosy jedoch nur ein paar Minuten zuzuhören, um zu begreifen, daß sie sich eine andere Verfahrensweise in ihren eigensinnigen Kopf gesetzt hatte.

Sie sprach, vor einem Auditorium von ungefähr fünfzehn Personen, in einem raschen, nervösen Stil, der gut zu dem schmucklosen alten Hörsaal, in dem wir saßen, paßte. In ihren Worten war keine Spur von Wärme oder Frivolität. Und doch konnte ich Rosy nicht vollständig uninteressant finden. Einen Augenblick überlegte ich, wie sie wohl aussehen würde, wenn sie ihre Brille abnähme und irgend etwas Neues mit ihrem Haar versuchte. Dann jedoch fesselte mich hauptsächlich ihre Beschreibung des Röntgen-Kristalldiagramms.

Das jahrelange sorgfältige, leidenschaftslose kristallographische Training hatte seine Spuren zurückgelassen. Rosy hatte den Vorteil einer strengen Cambridge-Erziehung nicht genossen, um nun so verrückt zu sein, ihn zu mißbrauchen. Für sie stand einwandfrei fest, daß der einzige Weg, die DNS-Struktur aufzustellen, ein rein kristallographischer war. Da sie am Modellbau keinen Gefallen fand, erwähnte sie Paulings Triumph und seine Alpha-Spirale mit keinem Wort. Die Idee, zur Erforschung biologischer Strukturen Modelle zu benutzen, die wie Blechspielzeug aussahen, war eindeutig das letzte, was sie in Erwägung ziehen würde. Natürlich wußte Rosy von Paulings Erfolg, aber das war für sie noch lange kein Grund, seine manierierten Spielereien nachzumachen. Gerade das Ausmaß seiner früheren Triumphe veranlaßte sie, anders vorzugehen. Nur ein Genie wie Pauling konnte wie ein zehnjähriger Junge spielen und trotzdem die richtige Lösung finden.

Rosy betrachtete ihr Referat als einen Vorbericht, der für sich genommen nichts irgendwie Wesentliches über die DNS aussagte. Handfeste Tatsachen seien erst nach Sammlung weiterer Daten zu erwarten, die es gestatteten, die kristallographischen Analysen auf ein verfeinertes Niveau zu bringen.

Das Grüppchen von Laboratoriumsleuten, das zu dem Vortrag erschienen war, sah ebenso wie Rosy keinen Anlaß zu spontanem Optimismus. Kein Mensch erwähnte die Möglichkeit, Molekülmodelle als Hilfsmittel bei der Strukturanalyse zu verwenden. Maurice selbst stellte nur ein paar Fragen rein technischer Art. Die Diskussion brach dann rasch ab, und der Gesichtsausdruck der Zuhörer verriet, daß sie entweder nichts hinzuzufügen hatten oder, wenn sie gern etwas gesagt hätten, es aus Höflichkeit nicht taten, da sie dasselbe früher schon einmal gesagt hatten. Vielleicht war auch die Furcht vor einer scharfen Replik von Rosy daran schuld, daß sie sich scheuten, irgendeine romantisch-optimistische Äußerung zu tun oder gar die Modelle zu erwähnen.

Es ist nicht gerade angenehm, sich in eine trübe, neblige Novembernacht hinauszubegeben, noch dazu, wenn man sich vorher von einer Frau sagen lassen muß, man solle damit aufhören, seine Meinung zu einem Thema zu äußern, für das man nicht genügend Voraussetzungen mitbringe. Nichts ist geeigneter, einem unerfreuliche Schultage ins Gedächtnis zurückzurufen.

Nach einem kurzen und, wie ich später oft beobachten konnte, typischen, nämlich gereizten Gespräch mit Rosy wanderten Maurice und ich den *Strand* entlang und dann hinüber zu Choy's Restaurant in Soho. Maurice war überraschend heiter aufgelegt. Langsam und präzise setzte er mir auseinander, daß Rosy trotz ihrer vielen sorgfältigen kristallographischen Analysen nur wenige richtige Fortschritte gemacht hatte, seit sie im King's College war. Ihre Röntgenaufnahmen waren zwar ein bißchen deutlicher als seine eigenen, aber trotzdem war Rosy nicht imstande, positiv etwas auszusagen, was er nicht bereits gesagt hatte. Gewiß, sie hatte ein paar genauere Messungen des Wassergehalts ihrer DNS-Proben vorgenommen, aber selbst da hegte Maurice Zweifel, ob sie wirklich gemessen hatte, was sie vorgab, gemessen zu haben.

Zu meiner Überraschung schien meine Gegenwart Maurice aufzumuntern. Die Distanziertheit, die er bei unserem ersten Zusammentreffen in Neapel an den Tag gelegt hatte, war verschwunden. Daß ich als Phagenmann das, was er tat, für wichtig hielt, beruhigte ihn. Von einem seiner Physikerkollegen bestärkt zu werden, war für ihn keine wirkliche Hilfe. Selbst wenn er sich mit denen traf, die seinen Entschluß, zur Biologie überzuwechseln, für sinnvoll gehalten hatten, konnte er ihrem Urteil nicht trauen. Schließlich und endlich hatten sie keine Ahnung von Biologie. So war es das Beste, er nahm ihre Bemerkungen als Höflichkeit hin oder sogar als herablassende Freundlichkeit gegenüber einem Kollegen, der dem Wettrennen der Physik der Nachkriegszeit ablehnend gegenüberstand.

Natürlich hatte er von einigen Biochemikern aktive und dringend notwendige Hilfe erfahren. Andernfalls wäre er gar nicht erst zum Zuge gekommen. Manche waren geradezu lebenswichtig für ihn gewesen: großzügig hatten sie ihm Proben von ziemlich reiner DNS verschafft. Es war schon schlimm genug, Kristallographie zu lernen, ohne die Zaubertechniken der Biochemiker zu beherrschen. Anderer-

Rosalind Franklin

seits gehörten die meisten von ihnen nicht zu jenen hochgezüchteten Typen, mit denen er an dem Bombenprojekt gearbeitet hatte. Manche schienen nicht einmal zu wissen, warum die DNS überhaupt wichtig war.

Trotzdem wußten sie noch immer mehr als die Mehrzahl der Biologen. In England, wenn nicht überall, waren die meisten Botaniker und Zoologen ein Haufen von Wirrköpfen. Vielen gab nicht einmal die Tatsache, daß sie auf einem Lehrstuhl saßen, den Mut, ordentliche Wissenschaft zu treiben. Manche verschwendeten ihre Kräfte mit nutzlosen Polemiken über den Ursprung des Lebens oder über die Frage, wie man wissen kann, ob eine wissenschaftliche Tatsache wirklich richtig ist. Noch schlimmer aber war, daß man einen akademischen Grad in Biologie erlangen konnte, ohne die geringste Ahnung von Genetik zu haben. Das bedeutete aber nun keineswegs, daß die Genetiker selbst irgendwelche geistige Hilfe leisteten. Dabei hätte man doch meinen sollen, daß sie bei all ihrem Gerede über Gene sich auch darum kümmerten, was die Gene eigentlich waren. Doch schien keiner die Erkenntnis, daß die Gene aus DNS bestanden, ernst zu nehmen. Das war ihnen alles zu chemisch. Die meisten wünschten sich vom Leben nichts weiter, als ihren Studenten unerklärbare Einzelheiten über das Verhalten der Chromosomen vorzusetzen oder im Rundfunk elegant formulierte, verworrene Spekulationen von sich zu geben über Themen wie: Die Aufgabe des Genetikers in unserem Zeitalter der sich wandelnden Werte.

So erweckte die Tatsache, daß die Phagengruppe die DNS ernst nahm, in Maurice die Hoffnung, die Zeiten würden sich ändern und er brauchte künftig, wenn er ein Seminar hielt, nicht mehr jedesmal mühsam zu erklären, warum sein Labor soviel von der DNS hermachte. Als wir zu Ende gegessen hatten, war er sichtlich in der Stimmung, etwas zu unternehmen. Doch allzu jäh tauchte das Thema Rosy in unserer Unterhaltung wieder auf, und als wir die Rechnung bezahlten und in die Nacht hinausgingen, schwand die Möglichkeit, daß er sein Laboratorium wirklich mobilisierte, schon wieder langsam dahin.

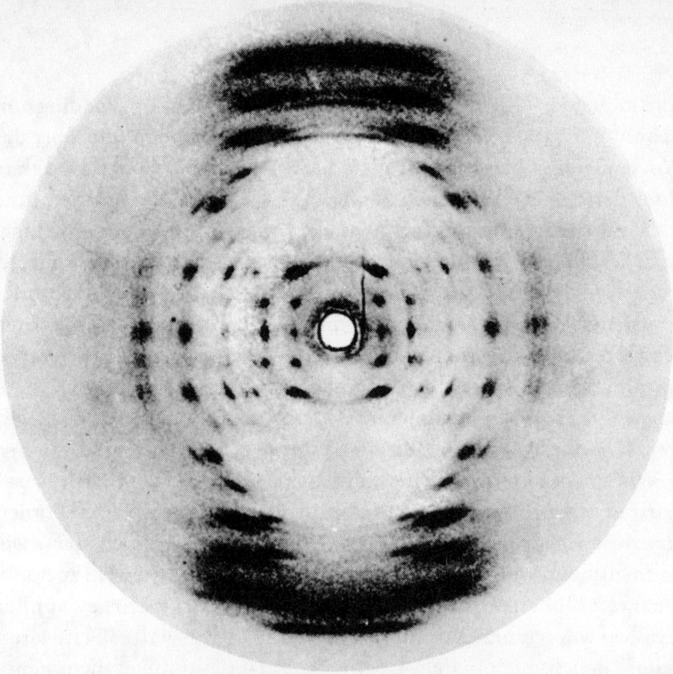

Eine Röntgenaufnahme der kristallinen DNS
in ihrer A-Form

11

Am folgenden Morgen traf ich mich mit Francis am Paddington-Bahnhof. Wir wollten den Zug nach Oxford nehmen und dort das Wochenende verbringen. Francis hatte vor, mit Dorothy Hodgkin, einer der besten englischen Kristallographinnen, zu sprechen, und ich fand es eine gute Gelegenheit, auf diese Weise zum erstenmal nach Oxford zu kommen. Francis, der mich an der Sperre erwartete, war in Hochform. In Oxford würde er Gelegenheit haben, Dorothy von seinem gemeinsamen Erfolg mit Bill Cochran beim Ausarbeiten der Diffraktionstheorie für Spiralen zu erzählen. Die Theorie war so elegant, daß er sie Dorothy unbedingt selbst vortragen mußte. Menschen, die wie sie gescheit genug waren, um ihren Wert sofort zu verstehen, gab es viel zu wenige.

Wir saßen kaum im Abteil, da begann Francis mich nach Rosys Vortrag auszufragen. Meine Antworten waren oft vage, und Francis ärgerte sich sichtlich über meine Angewohnheit, mich auf mein Gedächtnis zu verlassen und mir nie etwas schwarz auf weiß zu notieren. Wenn ein Thema mich interessierte, konnte ich mich gewöhnlich an alles, war ich brauchte, erinnern. Diesmal aber gab es Schwierigkeiten, da ich mich in dem Jargon der Kristallographen nicht genügend auskannte. Besonders verhängnisvoll war meine Unfähigkeit, exakt über den Wassergehalt der DNS-Proben zu berichten, an denen Rosy ihre Messungen vorgenommen hatte. So bestand durchaus die Möglichkeit, daß ich Francis durch eine differierende Größenordnung irreführte.

Man hatte zu Rosys Vortrag offenbar nicht die richtige Person geschickt. Wäre Francis selbst hingegangen, hätte es keine solchen Zweifel gegeben. Das war die Strafe für seine übertriebene Rücksichtnahme. Allerdings mußte ich zugeben: Francis zu sehen, wie er über Rosys Informationen, kaum waren sie ihr über die Lippen gekommen, herfiel und über ihre Folgen nachgrübelte – das hätte Maurice nicht ertragen. In gewisser Weise wäre es sehr unfair gewesen, wenn beide Rosys Ergebnisse zur gleichen Zeit erfahren hätten. Natürlich mußte Maurice als erster Gelegenheit haben, das Problem anzupacken. Andererseits sprach nichts dafür, daß er die richtige Antwort vom

Spielen mit Molekülmodellen erwartete. Bei unserem Gespräch am Vorabend war diese Methode kaum erwähnt worden. Natürlich bestand die Möglichkeit, daß er mit irgend etwas hinter dem Berge hielt. Aber das war sehr unwahrscheinlich. Maurice war nicht der Typ dafür.

Das einzige, was Francis im Augenblick tun konnte, war, den Wassergehalt vorauszusetzen, mit dem sich am leichtesten arbeiten ließ. Bald kam er auch auf etwas, was einen Sinn zu haben schien, und er fing an, die leere Rückseite eines Manuskripts, in dem er gerade gelesen hatte, vollzukritzeln. Ich begriff vorläufig nicht, worauf Francis hinauswollte, und wandte mich wieder der *Times* zu. Aber nur wenige Minuten später verlor ich alles Interesse an der Außenwelt, als Francis mir sagte, daß nur eine sehr kleine Anzahl von Lösungen sowohl mit der Cochran-Crickschen Theorie als auch mit Rosys experimentellen Daten vereinbar sei. Er zeichnete rasch noch weitere Diagramme, um mir zu zeigen, wie einfach das Problem war. Obwohl seine Mathematik mir zu hoch war, war der Kern der Sache nicht schwer zu erfassen. Man mußte entscheiden, wie viele Polynukleotidketten das DNS-Molekül enthielt. Auf den ersten Blick waren die Röntgenbefunde mit zwei, drei oder vier Strängen vereinbar. Alles weitere war eine Frage der Winkel und Radien, in denen sich die DNS-Stränge um die Mittelachse wanden.

Als die anderthalbstündige Reise zu Ende war, sah Francis keinen Grund mehr, warum wir die Lösung nicht sehr bald haben sollten. Vielleicht würde noch eine Woche angestrengten Herumbastelns mit den Molekülmodellen nötig sein, bis wir absolut sicher waren, daß wir die richtige Antwort hatten. Aber dann würde die ganze Welt klar erkennen, daß Linus nicht der einzige war, der sich einen wirklichen Einblick verschaffen konnte, wie die Moleküle der Lebewesen aufgebaut waren. Paulings Entdeckung der Alpha-Spirale war nämlich für die Cambridge-Gruppe sehr unangenehm gewesen. Ungefähr ein Jahr vor diesem Triumph hatten Bragg, Kendrew und Perutz einen systematischen Artikel über den Aufbau der Polypeptidkette veröffentlicht, und dieser Versuch war danebengegangen. Bragg hatte dieses Fiasko denn auch noch nicht überwunden. Sein Stolz war an einem äußerst empfindlichen Punkt getroffen worden. Im Laufe der letzten fünfundzwanzig Jahre hatte es schon häufiger Zusammenstöße mit Pauling gegeben. Allzu oft war Linus der erste gewesen.

Sogar Francis fühlte sich dadurch irgendwie gedemütigt. Er arbeitete bereits im Cavendish-Laboratorium, als Bragg um jeden Preis herausfinden wollte, wie sich die Polypeptidketten zusammenfalteten. Außerdem war er bei der Diskussion anwesend, wo der grundlegende Irrtum hinsichtlich der Form der Polypeptidbindung begangen wurde. Das wäre für ihn eine gute Gelegenheit gewesen, seine kritische Begabung zu zeigen und die Bedeutung der experimentellen Ergebnisse richtig einzuschätzen – aber er hatte keine einzige nützliche Bemerkung gemacht. Nicht etwa, daß Francis normalerweise davor zurückschreckte, seine Freunde zu kritisieren. Bei anderen Gelegenheiten hatte er mit einer geradezu lästigen Aufrichtigkeit darauf aufmerksam gemacht, daß Perutz und Bragg ihre Hämoglobinresultate öffentlich über-interpretiert hatten. Diese offene Kritik war sicherlich auch der wahre Grund für Braggs letzten Ausbruch gegen ihn. Sir Lawrence war der Ansicht, Crick bringe immer nur alles ins Wanken.

Doch jetzt war nicht der Augenblick, über frühere Fehler nachzudenken. Statt dessen nahm die Geschwindigkeit, mit der wir über mögliche Arten von DNS-Strukturen sprachen, immer mehr zu, je weiter die Zeit vorrückte. Wen immer wir in Oxford trafen – Francis begann sofort mit einem Überblick über die Fortschritte der letzten Stunden, bis der jeweilige Zuhörer up to date war und verstand, warum wir uns für die Modelle entschieden hatten, bei denen das Zucker-Phosphat-Skelett im Zentrum des Moleküls war.

Nur auf diese Weise würde es möglich sein, eine Struktur zu erhalten, die regelmäßig genug war, um die von Maurice und Rosy beobachteten Röntgen-Kristalldiagramme zu ergeben. Allerdings mußten wir uns dann noch mit der unregelmäßigen Basenfolge auf der Außenseite befassen – aber dieses Problem würde sich vielleicht von selbst lösen, wenn wir erst einmal die richtige Anordnung im Innern herausgefunden hatten.

Da war auch noch die schwierige Frage, auf welche Weise die negativen Ladungen der Phosphatgruppen im Skelett der DNS aufgehoben wurden. Francis und ich wußten so gut wie nichts über die Anordnung der anorganischen Ionen in drei Dimensionen. Und wir mußten der traurigen Situation ins Auge sehen, daß die weltberühmte Auto-

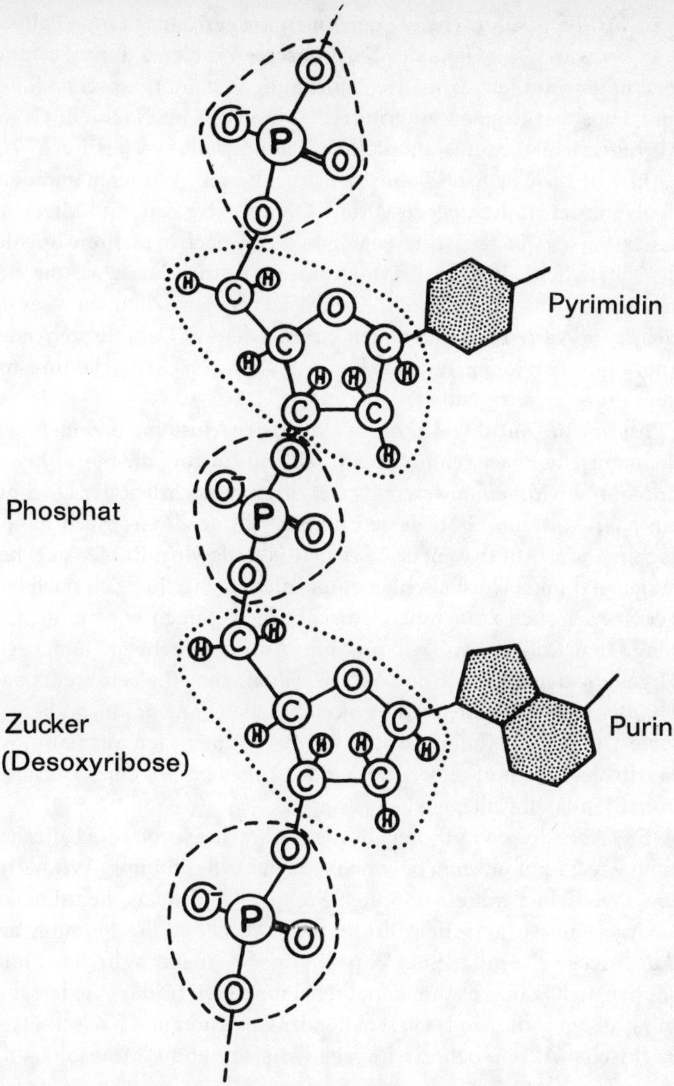

Eine ausführliche Darstellung der kovalenten Bindungen des Zucker-Phosphat-Skeletts

rität für die Strukturchemie der Ionen ausgerechnet Linus Pauling war. So waren wir, falls der Kern unseres Problems darin bestand, eine ungewöhnlich raffinierte Anordnung von anorganischen Ionen und Phosphatgruppen zu ermitteln, eindeutig im Nachteil. Gegen Mittag erschien es uns unerläßlich, Paulings klassisches Buch ‹*The Nature of the Chemical Bond*›* zu konsultieren. Wir aßen gerade in der Nähe der High Street zu Mittag. Ohne unsere Zeit mit Kaffeetrinken zu verschwenden, stürzten wir der Reihe nach in mehrere Buchläden, bis wir bei Blackwell Erfolg hatten. Schnell lasen wir die einschlägigen Abschnitte durch. Auf diese Weise erhielten wir zwar die richtigen Werte für die genauen Größen der zur Debatte stehenden anorganischen Ionen, fanden aber nichts, was uns helfen konnte, mit dem Problem fertig zu werden.

Als wir in Dorothys Labor im University Museum ankamen, war die manische Phase schon fast vorbei. Francis ging die Spiraltheorie durch und widmete unseren Fortschritten hinsichtlich der DNS nur ein paar Minuten. Statt dessen drehte sich unser Gespräch hauptsächlich um Dorothys neueste Arbeit über das Insulin. Da es schon langsam dunkel wurde, schien es uns nicht recht, ihre Zeit noch länger in Anspruch zu nehmen. Anschließend gingen wir hinüber ins Magdalen College, wo wir uns mit Avrion Mitchison und Leslie Orgel, die damals beide dort Fellow waren, zum Tee verabredet hatten. Beim Kuchenessen war Francis plötzlich geneigt, auch über triviale Dinge zu plaudern, während ich mir im stillen ausmalte, wie herrlich es sein müßte, wenn ich eines Tages im Stil eines Dozenten vom Magdalen College leben könnte.

Das Abendessen mit rotem Bordeaux brachte jedoch die Unterhaltung wieder auf unseren bevorstehenden DNS-Triumph. Wir hatten uns inzwischen mit einem guten Freund von Francis, dem Logiker George Kreisel, getroffen, dessen ungewaschene Erscheinung und Ausdrucksweise mit meiner Vorstellung von einem englischen Philosophen nicht ganz zusammenpaßten. Francis feierte das Wiedersehen mit großem Hallo, und sein schallendes Gelächter und Kreisels österreichischer Akzent beherrschten bald die vornehme Atmosphäre des

* Linus Pauling: ‹*Die Natur der chemischen Bindung*›. 3. Aufl. Weinheim 1968

Restaurants an der High Street, wo Kreisel sich mit uns verabredet hatte. Eine ganze Weile lang verbreitete sich Kreisel über eine Möglichkeit, erfolgreich zu spekulieren, indem man Geld zwischen den politisch getrennten Teilen Europas hin- und herschickte. Dann stieß Avrion Mitchison zu uns, und das Gespräch schlug für kurze Zeit wieder in das übliche intellektuelle Geplänkel um. Diese Art des Plauderns lag Kreisel jedoch gar nicht. Darum verabschiedeten Avrion und ich uns und wanderten durch die mittelalterlichen Straßen zu meinem Nachtquartier. Ich war inzwischen angenehm betrunken, und wir sprachen des langen und breiten darüber, was wir alles tun würden, wenn wir die DNS hätten.

12

Als ich John und Elizabeth Kendrew am Montagmorgen beim Frühstück traf, berichtete ich ihnen von unseren DNS-Fortschritten. Elizabeth schien begeistert, daß der Erfolg fast in Reichweite war, während John die Nachricht ruhiger aufnahm. Als herauskam, daß Francis wieder einmal in Hochstimmung war und ich über nichts Solideres berichten konnte als unseren Enthusiasmus, vertiefte er sich in die Abschnitte der *Times*, in denen von den ersten Tagen der neuen Tory-Regierung die Rede war. Bald darauf machte sich John auf den Weg zu seinen Büroräumen im Peterhouse und ließ Elizabeth und mich die Folgen meines unerwarteten Glücks verdauen. Ich blieb nicht lange, denn je eher ich wieder im Labor war, desto schneller konnten wir herausfinden, zugunsten welcher der bestehenden Möglichkeiten eine genaue Prüfung der Molekülmodelle entscheiden würde.

Sowohl Francis als auch ich wußten allerdings, daß die Modelle im Cavendish uns nicht voll und ganz befriedigen würden. John hatte sie vor ungefähr achtzehn Monaten gebaut, als man an der dreidimensionalen Gestalt der Polypeptidkette arbeitete. Es existierte keine genaue Darstellung der für die DNS charakteristischen Atomgruppen. Weder Phosphoratome noch Purin- oder Pyrimidinbasen standen zur Verfügung. Es war notwendig, rasch etwas zu improvisieren,

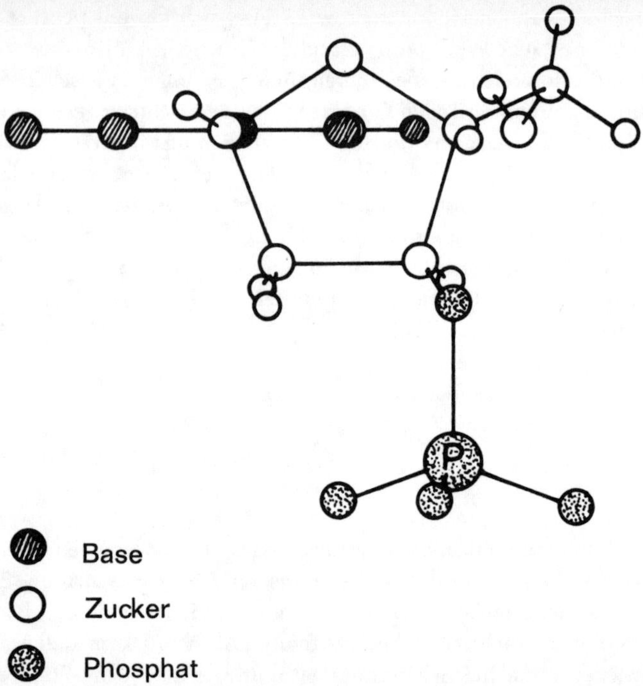

Schematische Darstellung eines Nukleotids. Sie zeigt, daß die Ebene der Base zu der Ebene, in der die meisten Zucker-Atome liegen, fast im rechten Winkel steht. Diese wichtige Tatsache wurde 1949 von S. Furberg nachgewiesen, der damals in London in J. D. Bernals Birkbeck-Laboratorium arbeitete. Furberg konstruierte später einige sehr verführerische Modelle für die DNS. Da er aber die im King's College vorgenommenen Versuche nicht in ihren Einzelheiten kannte, baute er nur Strukturen mit einem einzigen Strang. Seine strukturtheoretischen Ideen wurden daher im Cavendish-Laboratorium nie ernsthaft in Erwägung gezogen.

denn es hatte keinen Sinn mehr, daß Max sie eilig bauen ließ. Das Herstellen funkelnagelneuer Modelle konnte eine ganze Woche in Anspruch nehmen, während doch die Möglichkeit bestand, in ein oder zwei Tagen eine Lösung zu haben. So fing ich, als ich ins Labor kam, gleich an, einigen unserer Kohlenstoffatommodelle kleine Stückchen Kupferdraht hinzuzufügen und sie auf diese Weise in die größeren Phosphoratome zu verwandeln.

Aber weit größere Schwierigkeiten ergaben sich, als ich die anorganischen Ionen darstellen wollte. Im Gegensatz zu den anderen Bestandteilen gehorchten sie keinen einfachen Regeln, die einem zum Beispiel verrieten, in welchem Winkel sie ihre chemischen Bindungen bildeten. Höchstwahrscheinlich mußten wir die genaue Struktur der DNS schon kennen, bevor wir die richtigen Modelle bauen konnten. Ich gab jedoch die Hoffnung nicht auf, Francis sei vielleicht schon auf den entscheidenden Trick gekommen und werde ihn, sobald er ins Labor komme, sofort ausposaunen. Seit unserem letzten Gespräch waren achtzehn Stunden vergangen, und es war kaum damit zu rechnen, daß ihn die Sonntagszeitungen seit seiner Rückkehr nach Green Door abgelenkt hatten.

Aber sein Erscheinen gegen zehn brachte die Antwort nicht. Am Sonntag, nach dem Abendessen, hatte er das Dilemma noch einmal untersucht, sah aber keine schnelle Lösung. Daraufhin hatte er das Problem beiseite gelegt und statt dessen einen Roman über die erotischen Irrungen Cambridger Universitätsprofessoren überflogen. Das Buch enthielt ein paar kurze Stellen, die sehr gut waren, und selbst auf den schlechtesten Seiten stellte sich die interessante Frage, ob der Handlung nicht vielleicht das Leben eines guten Bekannten zugrunde lag.

Trotz allem vertraute mir Francis beim Morgenkaffee an, wir hätten vielleicht schon genügend experimentelle Unterlagen zur Hand, um zu einem Resultat zu gelangen. Wir könnten unser Spiel mit mehreren, völlig verschiedenen Bündeln von Tatsachen beginnen und doch jedesmal dieselben Endergebnisse erhalten. Vielleicht löste sich das ganze Problem von selbst, wenn wir uns darauf konzentrierten, herauszufinden, auf welche Weise sich eine Polynukleotidkette am hübschesten zusammenfaltete. Während Francis noch immer über die Bedeutung der Röntgendiagramme nachdachte, begann ich also die verschiedenen Atommodelle zu mehreren Ketten zusammenzusetzen, und zwar jede mit einer Länge von mehreren Nukleotiden. Die DNS-Ketten sind in der Natur sehr lang, doch bestand kein Grund zu riesigen Konstruktionen. Denn solange wir sicher waren, es mit einer Spirale zu tun zu haben, bestimmte die Lokalisierung eines einzigen Nukleotidpaars automatisch die Anordnung aller übrigen Komponenten.

Gegen eins war ich mit dem üblichen Zusammensetzspiel fertig, und Francis und ich wanderten zu unserem alltäglichen Mittagessen mit dem Chemiker Herbert Gutfreund zum «Eagle» hinüber. Damals aß John gewöhnlich im Peterhouse, Während Max immer nach Hause radelte. Manchmal begleitete uns auch Johns Schüler Hugh Huxley, aber in letzter Zeit fand er es immer schwieriger, an Francis' inquisitorischen Mittagszeit-Attacken Gefallen zu finden. Kurz vor meiner Ankunft in Cambridge hatte Hugh beschlossen, sich mit dem Problem der Muskelkontraktion zu befassen. Das hatte Francis auf eine unerwartete Möglichkeit aufmerksam gemacht: seit ungefähr zwanzig Jahren hatten die Physiologen Unterlagen darüber gesammelt, aber sie waren nicht imstande, sie zu einem zusammenhängenden Bild zusammenzusetzen. Francis sah hier eine wunderbare Gelegenheit, in Aktion zu treten. Er brauchte nicht einmal die entscheidenden Experimente auszugraben, denn Hugh war ja bereits durch die ganze unverdaute Masse gewatet. Mahlzeit für Mahlzeit wurden jetzt die Tatsachen zu Theorien zusammengesetzt, die eine Lebensdauer von

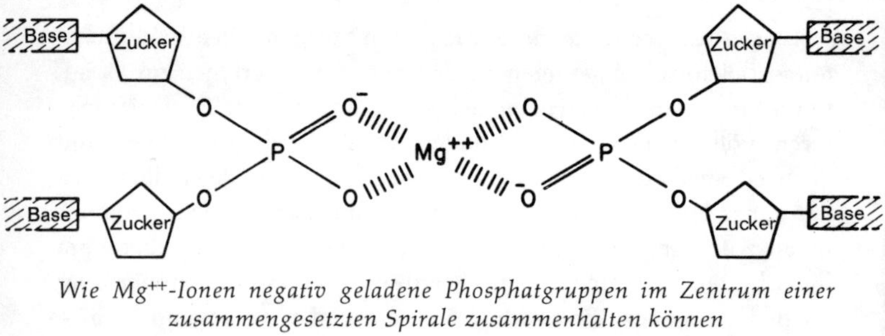

Wie Mg⁺⁺-Ionen negativ geladene Phosphatgruppen im Zentrum einer zusammengesetzten Spirale zusammenhalten können

ungefähr ein oder zwei Tagen hatten, bis Hugh schließlich Francis davon überzeugen konnte, daß ein Resultat, das Francis gern einem Irrtum bei einem Experiment zuschreiben wollte, in Wirklichkeit so solide war wie der Felsen von Gibraltar. Inzwischen war Hughs Röntgenkamera fertig geworden, und er hoffte, bald über die experimentellen Beweise zur endgültigen Klärung der strittigen Punkte zu verfügen. Natürlich würde der Spaß nur halb so groß sein, wenn Francis ihm irgendwie richtig voraussagte, was er, Hugh, finden würde.

Aber an diesem Tag brauchte Hugh keine neue geistige Invasion zu befürchten. Als wir in den «Eagle» kamen, wechselte Francis nicht einmal die üblichen krächzenden Grüße mit dem persischen Nationalökonomen Ephraim Eshag, sondern vermittelte absolut den Eindruck, daß etwas Ernstes im Gange war. Gleich nach dem Essen sollte das richtige Modellbauen beginnen, und wenn etwas dabei herauskommen sollte, mußten wir noch konkrete Pläne schmieden. So prüften wir bei Stachelbeerauflauf noch einmal das Pro und Kontra von ein, zwei, drei und vier Ketten. Die einkettigen Spiralen schieden wir bald als unvereinbar mit den uns bekannten Tatsachen aus. Was die die Ketten zusammenhaltenden Kräfte anlangte, so schien es uns am vernünftigsten, auf Salzbrücken zu tippen, in denen zweiwertige Kationen wie Mg^{++} jeweils zwei oder mehr Phosphatgruppen zusammenhielten. Zugegeben, nichts ließ eindeutig darauf schließen, daß Rosys Proben zweiwertige Ionen enthielten – insofern riskierten wir vielleicht zuviel. Andererseits sprach aber auch absolut nichts gegen unsere Annahme. Hätten die King's-Leute nur ein klein bißchen an Modellversuche gedacht, dann würden sie sich gefragt haben, welches Salz eigentlich vorhanden war, und wir wären nicht in diese ärgerliche Lage geraten. Aber wenn wir dem Zucker-Phosphat-Skelett Magnesium- oder vielleicht auch Kalzium-Ionen hinzufügten, würde mit etwas Glück schnell eine elegante Struktur entstehen, an deren Richtigkeit niemand zweifelte.

Die ersten fünf Minuten mit unseren Modellen waren allerdings nicht sehr erfreulich. Obwohl nur etwa fünfzig Atome im Spiel waren, fielen sie immer wieder aus den verfluchten Klammern, die sie in der richtigen Entfernung voneinander halten sollten. Außerdem, und das war noch schlimmer, hatten wir den unangenehmen Eindruck, daß die Winkel zwischen den Bindungen verschiedener besonders wichtiger Atome keinerlei eindeutigen Beschränkungen unterlagen. Das war gar nicht schön. Pauling war auf die Alpha-Spirale gekommen, indem er seine Kenntnis, daß die Peptidbindung flach war, konsequent ausnutzte. Zu unserem Verdruß sprach offenbar alles dafür, daß die Phosphodiesterbindungen, die in der DNS die aufeinanderfolgenden Nukleotide zusammenhielten, in einer ganzen Reihe von Formen existierten. Und es sah, zumindest bei unserem Niveau chemischer Intuition, nicht so aus, als wäre eine Gestalt hübscher als die übrigen.

Nach dem Tee zeichnete sich jedoch allmählich eine Form ab, die uns unsere gute Laune zurückbrachte. Drei Ketten, die so umeinander gewunden waren, daß sich das gleiche kristallographische Schema alle 28 Ångström längs der Spiralenachse wiederholte. Das war eine der Eigenschaften, die Maurices und Rosys Aufnahmen unbedingt erforderten. Als Francis vom Labortisch zurücktrat, um das Ergebnis unserer Nachmittagsarbeit zu besichtigen, war er sichtlich beruhigt. Einige der Atomkontakte waren zugegebenermaßen noch etwas zu nah, und das beeinträchtigte unser Wohlbefinden, aber schließlich und endlich hatten wir mit dem Basteln ja gerade erst begonnen. Noch ein paar Stunden Arbeit, und ein präsentables Modell würde vor uns stehen.

Beim Abendessen am Green Door herrschte eine überschwengliche Stimmung. Obwohl Odile unseren Reden nicht folgen konnte, freute sie sich offensichtlich, daß Francis drauf und dran war, seinen zweiten Triumph innerhalb eines Monats zu feiern. Wenn das so weiterging, würden sie bald reich sein und konnten sich einen Wagen kaufen. Francis machte nicht den geringsten Versuch, die Angelegenheit zu Odiles Nutz und Frommen etwas vereinfacht darzustellen. Seit sie ihm einmal erzählt hatte, die Schwerkraft reiche nur drei Meilen weit in den Himmel, war diese Seite ihrer Beziehungen ein für allemal geregelt. Nicht nur, daß sie von Wissenschaft nichts verstand; jeder Versuch, etwas davon in ihren Kopf hineinzubringen, wäre ein aussichtsloser Kampf gegen die langen Jahre ihrer Klostererziehung gewesen. Das einzige, was man sich von ihr erhoffen konnte, war ein gewisses Verständnis für die geradlinige Methode des Geldzählens.

Unser Gespräch drehte sich um eine junge Kunststudentin, die Odiles Freund Harmut Weil heiraten wollte. Das bedeutete, daß das hübscheste Mädchen aus ihrem gemeinsamen Kreis gekapert werden sollte, was Francis, gelinde gesagt, mißfiel. Überdies gab es, was Harmut betraf, ein paar dunkle Punkte. Er kam aus deutschen Universitätskreisen, wo man noch an Duelle glaubte. Und dann war da seine unbestreitbare Fähigkeit, zahllose Mädchen in Cambridge zu überreden, vor seiner Kamera zu posieren.

Jeder Gedanke an Frauen war jedoch verbannt, als Francis kurz vor dem Morgenkaffee ins Labor gestürmt kam. Und schon bald, nachdem wir verschiedene Atome hinein- beziehungsweise hinausgeschoben hatten, sah das Dreikettenmodell ganz vernünftig aus. Der nächste Schritt war jetzt also, es an Hand von Rosys quantitativen Messungen zu prüfen. Mit den normalen Lokalisierungen der Röntgenstrahl-Reflexe würde das Modell sicherlich übereinstimmen, denn wir hatten die wesentlichen Parameter der Spirale so gewählt, daß sie zu den Ergebnissen von Rosys Seminar, wie ich sie Francis übermittelt hatte, paßten. War das Modell aber richtig, so mußte es auch gestatten, die relativen Intensitäten der verschiedenen Röntgenstrahl-Reflexe genau vorauszusagen.

Francis stürzte ans Telefon und rief Maurice an. Er erklärte ihm, inwiefern die Diffraktionstheorie für Spiralen einen raschen Überblick über alle möglichen DNS-Modelle erlaube, und sagte dann, er und ich wären gerade auf ein Ding gestoßen, das sehr wohl die Lösung sein könne, auf die wir alle warteten. Es sei das beste, Maurice komme sofort und werfe einen Blick darauf. Aber Maurice legte sich auf kein Datum fest. Er meinte, irgendwann im Laufe der Woche werde es klappen. Kaum hatte Francis den Hörer aufgelegt, kam schon John herein und wollte wissen, wie Maurice die Nachricht von dem gelungenen Durchbruch aufgenommen habe. Es fiel Francis schwer, das Fazit seiner Antwort wiederzugeben. Fast schien es, als ließe das, was wir hier taten, Maurice völlig kalt.

Als wir am Nachmittag wieder mitten beim Basteln waren, kam ein Anruf vom King's College. Maurice wollte am nächsten Morgen mit dem Zehn-Uhr-zehn-Zug aus London eintreffen. Übrigens komme er nicht allein. Sein Mitarbeiter Willy Seeds werde ihn begleiten. Noch wichtiger aber war, daß Rosy, zusammen mit ihrem Studenten R. G. Gosling, im selben Zug sitzen würde. Offenbar interessierten sie sich doch noch für die Lösung des Problems.

13

Maurice beschloß, vom Bahnhof zum Labor ein Taxi zu nehmen. Normalerweise wäre er mit dem Bus gekommen, aber heute waren sie zu viert und konnten sich die Kosten teilen. Außerdem wäre es auch unerfreulich gewesen, mit Rosy zusammen an der Bushaltestelle zu warten. Es hätte die ohnehin schon ungemütliche Situation nur noch schlimmer gemacht. Alle seine wohlgemeinten Bemerkungen kamen bei ihr nicht richtig an, und selbst jetzt, wo die Möglichkeit einer Demütigung drohend über ihnen schwebte, war Rosy ihm gegenüber ebenso gleichgültig wie immer und konzentrierte ihre ganze Aufmerksamkeit auf Gosling. Der einzige schwache Versuch, geeint aufzutreten, bestand darin, daß Maurice den Kopf zur Tür hereinsteckte und sagte, sie seien da. Besonders heiklen Situationen wie dieser begegnete man, wie Maurice meinte, am besten mit ein paar Minuten ohne Wissenschaft. Aber Rosy war nicht gekommen, um unnötig zu schwätzen. Sie wollte sofort wissen, wie die Dinge standen.

Max und John machten keinerlei Anstalten, Francis die Show zu stehlen. Dieser Tag gehörte ihm, und gleich nachdem sie hereingekommen waren, um Maurice zu begrüßen, täuschten sie dringende Arbeiten vor und zogen sich hinter die verschlossene Tür ihres gemeinsamen Büros zurück.

Vor der Ankunft der Delegation waren Francis und ich übereingekommen, unsere Fortschritte in zwei Etappen zu enthüllen. Zuerst sollte Francis die Vorteile der Spiralentheorie zusammenfassen. Dann wollten wir beide zusammen erklären, auf welche Weise wir zu dem von uns zur Diskussion gestellten Modell für die DNS gelangt waren. Danach würden wir zum Mittagessen in den «Eagle» gehen, und den Nachmittag wollten wir uns frei halten, um darüber zu diskutieren, wie wir alle gemeinsam die letzten Phasen der Arbeit an diesem Problem bewältigen konnten.

Der erste Teil der Vorstellung verlief programmgemäß. Francis sah keine Veranlassung, die Bedeutung der Spiralentheorie herabzumindern, und zeigte innerhalb weniger Minuten, daß die Besselfunktionen hier klare Antworten gaben. Keiner unserer Besucher gab indessen auf irgendeine Weise zu erkennen, daß er Francis' Begeisterung teilte. Statt den Wunsch zu haben, irgend etwas mit den hübschen Gleichungen anzufangen, wies Maurice betont darauf hin, daß unsere Theorie nicht über ein paar Ableitungen hinausginge, die sein Kollege Stokes bereits erarbeitet hätte, allerdings ohne soviel Aufhebens davon zu machen. Stokes habe das Problem eines Abends auf der Heimfahrt im Zug gelöst und die Theorie am nächsten Morgen auf einem Stückchen Papier festgehalten.

Rosy war es völlig piepe, wer die Spiralentheorie als erster aufgestellt hatte, und als Francis weiterplapperte, nahm ihre Gereiztheit bedrohliche Formen an. Die ganze Rederei war überflüssig, denn ihrer Meinung nach gab es nicht den Schatten eines Beweises dafür, daß die DNS Spiralform hatte. Ob dies der Fall sei, das werde erst bei künftigen Röntgenuntersuchungen herauskommen. Beim Anblick des Modells nahm ihre Verachtung nur noch zu. Kein Punkt in Francis' Beweisführung rechtfertigte all dies Getue. Ausgesprochen aggressiv wurde sie aber, als wir auf die Mg^{++}-Ionen zu sprechen kamen, die die Phosphatgruppen unseres Dreiketten-Modells zusammenhielten. Diese Eigenschaft des Modells wollte Rosy ganz und gar nicht gefallen, und sie wies spitz darauf hin, die Mg^{++}-Ionen seien von einer dichten Hülle von Wassermolekülen umgeben und könnten kaum die Hauptstützpunkte einer zusammenhängenden Struktur bilden.

Bedauerlicherweise waren die meisten ihrer Einwände nicht pure Bosheit: bei dieser Gelegenheit kam die äußerst peinliche Tatsache heraus, daß mich meine Erinnerung an Rosys Angaben über den Wassergehalt ihrer DNS-Moleküle getäuscht haben mußte. Die traurige Wahrheit wurde offenbar: das korrekte DNS-Modell mußte mindestens zehnmal soviel Wasser enthalten, wie in unserem Modell zu finden war. Deswegen brauchten wir noch nicht unbedingt im Unrecht zu sein – wenn wir etwas Glück hatten, konnte das zusätzliche Wasser in die leeren Stellen an der Peripherie unserer Spirale gemogelt werden. Andererseits kamen wir nicht um die Schlußfolgerung herum, daß unsere Argumente nicht zwingend waren. Mit der Möglichkeit, daß mehr Wasser im Spiel war, nahm die Anzahl möglicher DNS-Strukturen erschreckend zu.

Wie zu erwarten, beherrschte Francis auch das Tischgespräch, aber seine Stimmung war inzwischen nicht mehr die eines selbstsicheren Schulmeisters vor unglücklichen Kolonialkindern, die zum erstenmal mit einem hervorragenden Intellekt in Berührung kommen. Es stand einwandfrei fest, welche Gruppe am Ball war. Um doch noch etwas von diesem Tag zu retten, war es das beste, sich über die nächste Runde von Experimenten zu verständigen. Vor allem sollten doch wohl ein paar Wochen genügen, um herauszufinden, ob die DNS-Struktur von der genauen Anzahl der Ionen abhing, die zum Neutralisieren der negativen Phosphorgruppen erforderlich waren. Damit schwand dann vielleicht schon diese abscheuliche Ungewißheit, ob die Mg^{++}-Ionen wichtig waren. Hatte man das geschafft, konnte eine neue Runde des Modellbaus beginnen, und mit etwas Glück würde man vielleicht bis Weihnachten soweit sein.

Aber auch der anschließende Verdauungsspaziergang durchs King's College und an der Rückfront der Universitätsgebäude entlang zum Trinity College trug uns keine einzige Bekehrung ein. Rosy und Gosling waren und blieben kämpferische Dogmatiker: der künftige Verlauf ihrer Tätigkeit würde durch diese Fünfzig-Meilen-Exkursion zu unreifen Schwätzern in keiner Weise beeinflußt werden. Maurice und Willy Seeds wiesen dagegen schon mehr Symptome beginnender Einsicht auf, aber wer sagte einem, ob sich darin nicht einfach der Wunsch spiegelte, mit Rosy nicht einer Meinung zu sein.

Die Lage wurde auch nicht besser, als wir ins Labor zurückkamen. Francis wollte sich nicht gleich geschlagen geben und erläuterte darum an Hand praktischer Details unser Vorgehen beim Modellbau. Als er jedoch merkte, daß sich außer mir niemand an der Unterhaltung beteiligte, sank ihm bald der Mut. Es kam hinzu, daß im Grunde jetzt keiner von uns beiden mehr Lust hatte, das Modell anzusehen. All sein Glanz war dahin, und die grob improvisierten Phosphoratome sahen nicht so aus, als ob sie sich je für etwas Vernünftiges verwenden ließen. Als dann Maurice erwähnte, wenn sie sich beeilten, könnten sie vielleicht noch den Bus zum Drei-Uhr-vierzig-Zug nach Liverpool Street Station erwischen, sagten wir uns rasch auf Wiedersehen.

14

Rosys Triumph drang nur allzu schnell die Treppen hinauf bis zu Bragg. Da war nichts weiter zu tun, als völlig ungerührt zu erscheinen. Die Nachricht bestätigte nur, was für ihn längst feststand, nämlich daß Francis wahrscheinlich schneller vorwärtskommen würde, wenn er gelegentlich den Mund hielte. Die Folgen ließen sich voraussehen. Für Maurices Chef war damit zweifellos der Augenblick gekommen, mit Bragg zu besprechen, ob es Sinn hatte, daß Crick und der Amerikaner die gewaltigen Summen verdoppelten, die das King's College bereits in die DNS investierte.

Sir Lawrence hatte von Francis mehr als genug, und es erstaunte ihn nicht weiter, daß er wieder einmal einen unnötigen Sturm entfacht hatte. Man wußte bei ihm nie, wann die nächste Explosion losging. Wenn er so weitermachte, konnte er leicht noch die nächsten fünf Jahre im Labor zubringen, ohne ausreichende Unterlagen für eine anständige Doktorarbeit zusammenzutragen. Die unangenehme Aussicht, Francis in den ihm noch verbleibenden Jahren seines Professorenamtes am Cavendish ertragen zu müssen, war zuviel für Bragg, und wäre für jeden mit einem normalen Nervensystem ausgestatteten Menschen zuviel gewesen. Außerdem hatte Bragg zu lange im Schatten seines berühmten Vaters gelebt, und die meisten Leute dachten irrtümlicherweise, nicht ihm, sondern seinem Vater sei jene tiefe Einsicht zu verdanken, die sich hinter dem Braggschen Gesetz verbarg. Und jetzt sollte er, statt sich der Vorteile zu erfreuen, die mit dem glänzendsten aller Lehrstühle verbunden waren, die Verantwortung für die empörenden Streiche eines erfolglosen Genies tragen.

So wurde Max der Beschluß kundgetan, daß Francis und ich die DNS aufzugeben hätten. Bragg hatte keine Bedenken, daß damit womöglich die Wissenschaft aufgehalten wurde. Er hatte sich bei Max und John nach unseren Arbeiten erkundigt, aber nichts sonderlich Originelles darüber erfahren. Nach Paulings Erfolg konnte niemand mehr behaupten, der Glaube an Spiralen setze nichts weiter als ein unkompliziertes Gehirn voraus. Es war darum auf jeden Fall richtig, der King's-Gruppe die erste Runde mit den Spiralmodellen zu überlassen. Crick konnte sich wieder an seine These machen und nachforschen, auf welche Weise die Hämoglobinkristalle zusammenschrumpften, wenn man sie in Salzlösungen verschiedener Dichte legte. Nach einem Jahr oder achtzehn Monaten steter Arbeit fand er vielleicht etwas Solides über die Form des Hämoglobinmoleküls heraus. Und dann, mit seinem Diplom in der Tasche, konnte er sich anderswo eine Stellung suchen.

Wir machten keinen Versuch, gegen dieses Urteil Berufung einzulegen. Zu Max' und Johns Erleichterung sahen wir davon ab, Braggs Entscheidung öffentlich in Frage zu stellen. Hätten wir uns lautstark entrüstet, wäre vielleicht ans Licht gekommen, daß unser Professor keine Ahnung hatte, was die Buchstaben DNS bedeuteten. Jedenfalls ließ nichts darauf schließen, daß er der DNS auch nur ein Hundertstel der Bedeutung beimaß, die er der Struktur der Metalle gab, für die er mit großem Vergnügen Seifenblasenmodelle herstellte. Damals gab es für Sir Lawrence nichts Schöneres, als seinen genialen Film über das Zusammenstoßen von Seifenblasen vorzuführen.

Unser vernünftiges Verhalten entsprang jedoch nicht dem Wunsch, mit Bragg in Frieden zu leben. Etwas Mäßigung war angebracht, da wir, was die Modelle mit Zucker-Phosphat-Kernen anlangte, am Ende unserer Weisheit waren. Von welcher Seite wir an die Sache auch herangingen, sie roch ziemlich schlecht. Am Tag nach dem Besuch der King's-Leute unterzogen wir sowohl die unglückselige Dreiketten-Geschichte als auch eine Anzahl möglicher Varianten einer gründlichen Prüfung. Man konnte nicht ganz sicher sein, aber es sah sehr danach aus, daß in allen Modellen, bei denen sich das Zucker-Phosphat-Skelett im Zentrum der Spirale befand, die Atome näher zusammenlagen, als es die Gesetze der Chemie erlaubten. Wenn man eines der Atome in die richtige Entfernung von seinem Nachbarn brachte, wurde dadurch oft ein anderes in eine zu geringe Distanz von seinen Partnern gedrängt.

Um mit dem Problem weiterzukommen, war ein neuer Start erforderlich. Doch leider mußten wir feststellen, daß unser heftiges Gerangel mit den King's-Leuten unsere Quelle für neue experimentelle Ergebnisse versiegen lassen würde. Einladungen zu Forschungskolloquien waren künftig nicht mehr zu erwarten, und schon die beiläufigste Frage würde bei Maurice den Verdacht erwecken, daß wir wieder über der DNS saßen. Schlimmer aber war die nahezu absolute

Gewißheit, daß mit einem Verzicht auf weiteres Modellbauen unsererseits durchaus nicht der Ausbruch einer entsprechenden Aktivität im King's-Labor einhergehen würde. Soweit wir wußten, hatten die King's-Leute bisher überhaupt noch keine dreidimensionalen Modelle mit den für die DNS erforderlichen Atomen gebaut. Trotzdem nahmen sie unser Angebot, ihnen die Cambridger Gußformen zur Verfügung zu stellen, damit sie rascher zum Ziel kämen, nur halben Herzens an. Maurice meinte, in ein paar Wochen werde man wohl jemanden gefunden haben, der einen etwas zusammenbasteln könne. Doch wurde abgemacht, wenn mal wieder einer von uns nach London käme, könne er die Dinger ja in ihrem Labor abladen.

So war es, als Weihnachten näher rückte, finster bestellt um die Aussicht, daß jemand auf der britischen Seite des Atlantiks die DNS-Nuß knacken würde. Francis machte sich wieder über die Proteine her, aber es war nicht nach seinem Geschmack, Bragg durch Arbeit an seiner Dissertation zu erfreuen. Nach ein paar Tagen relativen Schweigens begann er statt dessen, große Reden zu schwingen über mögliche superspiralförmige Anordnungen der Alpha-Spirale selbst. Erst beim Mittagessen gewann ich die Gewißheit, daß er über die DNS sprechen wollte. Glücklicherweise fand John, daß das Moratorium hinsichtlich des Arbeitens an der DNS sich nicht auf das Nachdenken über die DNS erstreckte. Er machte auch nie wieder einen Versuch, mich für das Myoglobin zu interessieren. So nutzte ich die dunklen, frostigen Tage, um mehr theoretische Chemie zu lernen und Zeitschriften durchzublättern in der Hoffnung, dabei auf einen in Vergessenheit geratenen Schlüssel zur DNS zu stoßen.

Das Buch, in dem ich am meisten schnüffelte, war Francis' Exemplar von ‹*The Nature of the Chemical Bond*›. Es kam immer häufiger vor, daß es sich, wenn Francis darin die Länge einer wichtigen Bindung nachschlagen wollte, auf der Ecke des Labortischs fand, die John mir für meine Experimente überlassen hatte. Ich hoffte, irgendwo in Paulings Meisterwerk fände sich das wahre Geheimnis. So war es ein gutes Omen, daß Francis mir ein neues Exemplar schenkte. Auf dem Vorsatzblatt stand die Widmung: «Für Jim von Francis – Christmas 1951». Die Überbleibsel christlichen Glaubens waren tatsächlich nützlich.

15

Während der Weihnachtstage brauchte ich nicht in Cambridge herumzusitzen. Avrion Mitchison hatte mich nach Carradale, in sein Elternhaus am Mull of Kintyre, eingeladen. Dazu konnte ich mir gratulieren, denn es war allgemein bekannt, daß Avrions Mutter Naomi, eine bekannte Schriftstellerin, und sein Vater Dick, ein Labour-Abgeordneter, ihr großes Haus während der Ferien mit einer ulkigen Ansammlung geistig aufgeschlossener Menschen füllten. Naomi war die Schwester von Englands klügstem und exzentrischstem Biologen J. B. S. Haldane. Weder das Gefühl, daß wir uns bei unserer DNS-Arbeit festgefahren hatten, noch die Ungewißheit, wie es im kommenden Jahr mit dem Geld aussehen würde, beunruhigten mich, als ich Av und seine Schwester Val am Euston-Bahnhof traf. Im Nachtzug nach Glasgow gab es keine Sitzplätze mehr. So hockten wir während der zehnstündigen Reise auf unseren Koffern und hörten uns Vals Kommentare über die langweiligen, flegelhaften Amerikaner an, die jährlich in wachsender Zahl in Oxford ausgeladen wurden.

In Glasgow trafen wir meine Schwester Elizabeth. Sie hatte von Kopenhagen nach Prestwick das Flugzeug genommen. Zwei Wochen vorher hatte sie mir in einem Brief geschrieben, ein Däne sei hinter ihr her. Als ich das las, sah ich eine Katastrophe voraus, denn der Däne war ein erfolgreicher Schauspieler. Darum hatte ich sofort in Carradale angefragt, ob ich Elizabeth mitbringen dürfe, und war sehr erleichtert, als ich eine Zusage erhielt. Unvorstellbar, daß Elizabeth nach zwei Wochen in einem exzentrischen Landhaus noch daran denken würde, sich in Dänemark anzusiedeln.

Dick Mitchison war mit dem Wagen zu der Campbelltown-Bushaltestelle an der Abzweigung nach Carradale gekommen und fuhr uns den zwanzig Meilen langen, hügeligen Weg bis zu dem winzigen schottischen Fischerdorf, in dem er und Naomi seit zwanzig Jahren lebten. Das Abendessen war noch im Gange, als wir aus einem Durchgang, der den Waffensaal mit verschiedenen Vorratskammern verband, im Speisezimmer auftauchten, das von lautem, rechthaberischem Gerede erfüllt war. Avs Bruder, der Zoologe Murdoch, war bereits angekommen, und er machte sich einen Spaß daraus, alle

Elizabeth Watson. Im Hintergrund die Clare Bridge

Leute mit Fragen über die Zellteilung in die Enge zu treiben. Mehr aber noch stand die Politik im Mittelpunkt der Diskussion: dieser schreckliche Kalte Krieg, eine Erfindung amerikanischer Paranoiker, die in den Anwaltsbüros ihrer Heimatstädte im Mittleren Westen besser aufgehoben wären.

Am nächsten Morgen merkte ich, daß die beste Methode, nicht zu erfrieren, darin bestand, im Bett zu bleiben oder, wenn sich das als unmöglich erwies, spazierenzugehen, sofern es nicht Bindfäden regnete. Nachmittags wollte Dick immer irgend jemanden zum Taubenschießen mitlotsen, aber nach einem ersten Versuch, bei dem ich mein Gewehr abfeuerte, als die Tauben schon außer Sicht waren, zog ich es vor, so nahe wie möglich vorm Kaminfeuer auf dem Wohnzimmerfußboden zu liegen. Schließlich gab es noch den wärmenden Zeitvertreib, in die Bibliothek zu gehen und unter Wyndham Lewis' strengen Porträtzeichnungen von Naomi und ihren Kindern Pingpong zu spielen.

Es verging mehr als eine Woche, bevor mir langsam klar wurde, daß sich auch eine Familie mit einem Linksdrall über die Kleidung ihrer Gäste ärgern kann. Naomi und mehrere der anderen Damen zogen sich zum Abendessen um. Ich deutete dieses absonderliche Verhalten als ein Zeichen nahenden Alters. Nie wäre ich auf den Gedanken gekommen, daß meine eigene Erscheinung Anstoß erregte, seit mein Haar sein amerikanisches Aussehen verloren hatte. Odile war nämlich sehr schockiert gewesen, als Max mich ihr an meinem ersten Tag in Cambridge vorstellte, und hatte hinterher zu Francis gesagt, ein kahlköpfiger Amerikaner werde im Labor arbeiten. Um die Situation zu retten, hatte ich es für das beste gehalten, den Friseur zu meiden, bis ich besser in die Cambridger Landschaft paßte. Meine Schwester war entrüstet, als sie mich sah, aber ich wußte, es würde Monate, wenn nicht Jahre brauchen, ihre oberflächliche Wertskala durch die Maßstäbe einer englischen Intellektuellen zu ersetzen. Carradale schien mir die ideale Umgebung, um einen weiteren Schritt zu tun und mir einen Bart zuzulegen. Seine rötliche Farbe gefiel mir, offen gestanden, nicht, aber Rasieren mit kaltem Wasser war eine Qual. Nachdem ich mir jedoch eine Woche lang Vals und Murdochs säuerliche Bemerkungen und die erwarteten Unfreundlichkeiten meiner Schwester angehört hatte, erschien ich eines Abends mit glattrasiertem Gesicht zum Essen. Und als Naomi mir ein Kompliment über mein Aussehen machte, wußte ich, daß meine Entscheidung die richtige gewesen war.

Abends gab es keine Möglichkeit, sich um Intelligenzspiele zu drücken, bei denen es darum ging, wer den größten Wortschatz hatte. Jedesmal, wenn mein nüchterner Beitrag verlesen wurde, wäre ich am liebsten im Boden versunken, um nicht den herablassenden Blicken der Mitchison-Damen ausgesetzt zu sein. Zu meiner Erleichterung kam ich wegen der großen Zahl der Hausgäste nur selten dran, und ich machte es mir zum Prinzip, möglichst nahe bei der abendlichen Konfektschachtel zu sitzen, in der Hoffnung, keiner werde bemerken, daß ich sie nie weiterreichte. Wesentlich angenehmer war es, wenn wir in den dunklen, winkligen Gängen der oberen Stockwerke «Mord» spielten. Die grausamste unter den «Mord»-Fanatikern war Avs Schwester Lois. Sie kam gerade von einer einjährigen Lehrtätigkeit in Karatschi zurück und verteidigte standhaft die Heuchelei der indischen Vegetarier.

Schon in den ersten Tagen meines Aufenthalts wußte ich, daß ich Naomis und Dicks Spektrum der Linken nur mit dem größten Bedauern verlassen würde. Die Aussicht, alkoholreichen englischen Apfelwein zum Mittagessen zu bekommen, entschädigte einen vollauf für die ständig allen Westwinden geöffneten Haustüren. Aber Murdoch hatte für mich einen Vortrag auf einer Londoner Tagung der Gesellschaft für experimentelle Biologie arrangiert, und das hieß, daß ich drei Tage nach Neujahr abreisen mußte. Zwei Tage vor dem geplanten Aufbruch gab es einen starken Schneefall, der die öden Moore in eine arktische Berglandschaft verwandelte. Das war eine gute Gelegenheit für einen ausgedehnten Nachmittagsspaziergang mit Av auf dem tief verschneiten Weg nach Campbelltown. Av sprach über seine Experimente zur Immunitätstransplantation, die er für seine Doktorarbeit machte, während ich davon träumte, daß der Weg auch an meinem Abreisetag noch nicht befahrbar sein würde. Aber das Wetter war nicht auf meiner Seite. Einige der anderen Gäste und ich erwischten in Tarbert das Clydeschiff, und am nächsten Morgen waren wir in London.

Ich hatte erwartet, bei meiner Rückkehr nach Cambridge eine Nachricht aus den Staaten über mein Stipendium vorzufinden, aber kein offizieller Brief begrüßte mich. Luria hatte mir im November geschrieben, ich sollte mir keine Sorgen machen, aber das Ausbleiben einer definitiven Nachricht kam mir allmählich verdächtig vor. Offenbar war noch keine Entscheidung getroffen worden, und man mußte sich auf das Schlimmste gefaßt machen. Das Damoklesschwert über mir war jedoch auch im schlimmsten Fall nur unangenehm. John und Max hatten mir versichert, wenn man mich völlig aufs trockene setzte, könnten sie ein kleines englisches Stipendium für mich ergattern. Erst spät im Januar hatte die Ungewißheit mit der Ankunft eines Briefes aus Washington ein Ende: man gab mir den Laufpaß. In dem Brief wurde der Abschnitt aus der Verleihungsurkunde zitiert, demzufolge mein Stipendium nur für die Arbeit in dem angegebenen Institut galt. Da ich diese Bestimmung verletzt hätte, bliebe ihnen nichts anderes übrig, als die Verleihung rückgängig zu machen.

Der zweite Absatz enthielt die Nachricht, daß man mir ein völlig neues Stipendium gewährt habe. Ich sollte jedoch nicht mit der langen Zeit der Ungewißheit davonkommen. Das neue Stipendium galt nicht wie üblich für zwölf Monate, sondern endete, wie ausdrücklich betont wurde, Mitte Mai. Meine Strafe dafür, daß ich die Ratschläge des Ausschusses nicht befolgt hatte und nicht nach Stockholm gegangen war, belief sich also auf 1000 Dollar. Denn es war praktisch unmöglich, vor Beginn des neuen Schuljahrs im September irgendeine Beihilfe zu erhalten. Ich nahm das Stipendium natürlich an. 2000 Dollar waren nicht zu verachten.

Knapp eine Woche später kam ein neuer Brief aus Washington. Er war von demselben Mann unterzeichnet. Aber diesmal schrieb er mir nicht in seiner Eigenschaft als Leiter des Stipendienausschusses, sondern trat als Vorsitzender eines Komitees des National Research Council auf. Man bereitete eine Tagung vor und bat mich, dort einen Vortrag über das Wachstum der Viren zu halten. Die Tagung sollte Mitte Juni, also genau einen Monat nach Ablauf meines Stipendiums, in Williamstown stattfinden. Ich hatte natürlich nicht die leiseste Absicht, abzureisen, weder im Juni noch im September. Das einzige Problem war, in welche Form ich die Absage kleiden sollte. Am liebsten hätte ich geschrieben, infolge einer unvorhergesehenen finanziellen Katastrophe könne ich nicht kommen. Aber bei näherer Überlegung fand ich es nicht richtig, diesem Mann das befriedigende Gefühl zu geben, er habe mich in meinen Angelegenheiten gestört. Ein Brief ging ab, in dem es hieß, ich fände Cambridge sehr anregend und hätte daher nicht vor, im Juni in die Staaten zu kommen.

16

Ich hatte inzwischen beschlossen, abzuwarten und ein bißchen am Tabak-Mosaik-Virus (TMV) zu arbeiten. Ein wesentlicher Bestandteil des TMV ist Nukleinsäure, und so war diese Arbeit eine wunderbare Fassade, hinter der ich mein unvermindertes Interesse für die DNS verbergen konnte. Zugegeben, der Nukleinsäurebestandteil war keine DNS, sondern eine andere Form von Nukleinsäure, die sogenannte Ribonukleinsäure (RNS). Dieser Unterschied war aber ein Vorteil, denn auf die RNS konnte Maurice keinen Anspruch erheben. Und wenn wir die RNS-Frage lösten, hatten wir damit vielleicht auch den entscheidenden Schlüssel zur DNS. Andererseits hieß es, das TMV habe ein Molekulargewicht von 40 Millionen, und insofern bot er auf den ersten Blick sehr viel mehr Schwierigkeiten als die viel kleineren Myoglobin- und Hämoglobinmoleküle, an denen John und Max seit Jahren arbeiteten, ohne bisher biologisch interessante Resultate erhalten zu haben.

Das TMV war zudem bereits von J. D. Bernal und I. Fankucken röntgenographisch untersucht worden. Das war an sich schon grauenhaft, denn Bernals gewaltiges Gehirn war sprichwörtlich, und ich konnte nicht hoffen, je auch nur annähernd so viel von kristallographischer Theorie zu kapieren wie er. Große Abschnitte des klassischen Aufsatzes, den Bernal und Fankucken kurz nach Kriegsbeginn im *Journal of General Physiology* veröffentlicht hatten, blieben mir unverständlich. Merkwürdig, ihn gerade da erscheinen zu lassen, aber Bernal war von den Kriegsanstrengungen in Anspruch genommen, und Fankucken, der gerade in die Staaten zurückgekehrt war, beschloß, ihre Ergebnisse in einer Zeitschrift unterzubringen, die von allen an Viren interessierten Leuten gelesen wurde. Nach dem Krieg verlor Fankucken das Interesse für Viren. Bernal betrieb zwar noch hier und da ein bißchen Protein-Kristallographie, kümmerte sich aber mehr um die Verbesserung der Beziehungen zu den kommunistischen Staaten.

Obwohl die theoretische Grundlage vieler ihrer Schlüsse unsicher war, konnte man doch viel von den beiden lernen. Das TMV war aus einer großen Anzahl identischer Untereinheiten aufgebaut. Wie diese Untereinheiten angeordnet waren, wußten Bernal und Fankucken allerdings nicht. Außerdem war man 1939 noch nicht weit genug, um zu verstehen, daß die Protein- und DNS-Bestandteile wahrscheinlich nach ganz verschiedenen Prinzipien aufgebaut waren. Jetzt hingegen konnte man sich leicht vorstellen, daß die Proteinbausteine in großen Mengen auftraten. Genau das Gegenteil traf für die RNS zu. Eine Teilung der RNS-Komponente in eine große Anzahl von Untereinheiten hätte Polynukleotidketten ergeben, die zu kurz waren, um die genetische Information weiterzugeben, die nach Francis' und meiner Überzeugung in der RNS der Viren stecken mußte. Die plausibelste Hypothese hinsichtlich der TMV-Struktur war ein zentraler RNS-Kern, umgeben von einer großen Anzahl kleiner identischer Proteinuntereinheiten.

Tatsächlich existierten bereits biochemische Beweise für solche Proteinbausteine. Die 1944 erstmals beschriebenen Experimente des Deutschen Gerhard Schramm zeigten, daß TMV-Teilchen in milden Laugen in freie RNS und eine große Zahl von ähnlichen, vielleicht sogar identischen Proteinmolekülen zerfielen. Aber außerhalb Deutschlands hielt praktisch niemand die Schrammschen Ergebnisse für richtig. Daran war der Krieg schuld: für die meisten Leute war es unfaßbar, daß die deutschen Bestien in den letzten Jahren des Krieges, dessen für sie so jämmerliches Ende sich damals schon abzeichnete, die ordnungsgemäße Durchführung der umfangreichen Experimente zugelassen haben sollten, die Schramms Behauptungen zugrunde lagen. Viel leichter konnte man sich vorstellen, daß die Nazis diese Arbeit direkt unterstützt hatten und daß die Analyse der Experimente nicht korrekt war. Sich die Zeit zu nehmen und Schramm zu widerlegen, dazu hatten die meisten Biochemiker keine Lust.

Als ich Bernals Artikel las, begeisterte ich mich auf einmal für Schramm, denn falls er seine Ergebnisse falsch interiretiert hatte, dann war er per Zufall auf die richtige Lösung gestoßen.

Ein paar zusätzliche Röntgenbilder zeigten uns vielleicht, wie die Proteinuntereinheiten angeordnet waren. Das galt hauptsächlich für den Fall, daß diese Bausteine spiralenförmig zusammengesetzt waren. Aufgeregt entführte ich Bernals und Fankuckens Artikel aus der Philosophischen Bibliothek und brachte ihn ins Labor, damit Francis die Röntgenaufnahme des TMV inspizieren konnte. Als er die für Spiralformen charakteristischen leeren Stellen sah, wurde er sofort aktiv und schüttelte rasch mehrere in Frage kommende spiralenförmige TMV-Strukturen aus dem Ärmel. Von diesem Augenblick an wußte ich, daß ich nicht mehr darum herum kam, die Spiralentheorie genau zu studieren. Wenn ich wartete, bis Francis Zeit hatte, mir zu helfen, konnte ich mir zwar das Mathematiklernen sparen, aber nur um den Preis, daß ich dann jedesmal steckenblieb, wenn Francis einen Augenblick aus dem Zimmer ging. Glücklicherweise genügte eine oberflächliche Bekanntschaft mit der Mathematik, um zu begreifen, warum das TMV-Röntgenbild an eine Spirale denken ließ, die sich alle 23 Ångström um die Spiralachse wand. Die Regeln waren tatsächlich so einfach, daß Francis daran dachte, sie unter dem Titel «Fouriertransformationen für den kleinen Moritz» niederzuschreiben.

Francis, der diesmal nicht am Ball war, behauptete an den folgenden Tagen, der Beweis für die TMV-Spirale sei nur so lala. Ich verlor sofort allen Mut, bis ich plötzlich auf einen absolut sicheren Grund kam, warum die Bausteine spiralförmig angeordnet sein mußten. In einem Augenblick der Langeweile nach dem Abendessen hatte ich eine Diskussion der Faraday-Gesellschaft über «Die Struktur der Metalle» nachgelesen. Sie enthielt eine geistreiche Theorie von dem Theoretiker F. C. Frank über das Wachsen der Kristalle. Jedesmal, wenn man die Berechnungen sorgfältig durchführte, kam das paradoxe Ergebnis heraus, daß sich die Wachstumsgeschwindigkeit der Kristalle nicht den beobachteten Werten nähern konnte. Frank sah, daß dieses Paradoxon verschwand, wenn die Kristalle nicht so regelmäßig waren, wie man angenommen hatte, sondern Dislokationen enthielten, was dazu führte, daß es im Innern immer leere Eckchen gab, in die sich neue Moleküle schieben konnten.

Ein paar Tage darauf kam mir im Bus nach Oxford die Idee, daß man sich jedes TMV-Teilchen als einen winzigen Kristall vorstellen konnte, der genau wie andere Kristalle dank dem Vorhandensein solcher leeren Eckchen wuchs. Und das wichtigste war: die einfachste Möglichkeit, leere Eckchen zu bilden, ergab sich, wenn die Untereinheiten zu einer Spirale angeordnet waren. Die Idee war so einfach, daß sie richtig sein mußte. Jede Wendeltreppe, die ich an diesem Wochenende in Oxford sah, bestärkte mich in meinem Vertrauen, daß andere biologische Strukturen ebenfalls Spiralsymmetrie hatten. Über eine Woche lang vertiefte ich mich in elektronenmikroskopische Aufnahmen von Muskel- und Kollagenfibern und suchte nach Anzeichen für Spiralen. Francis jedoch blieb lau, und ich wußte, daß es ohne unangreifbare Tatsachen nicht möglich war, ihn zu überzeugen.

Hugh Huxley kam mir zu Hilfe und bot an, mir zu zeigen, wie man eine Röntgenkamera zum Fotografieren des TMV verwenden konnte. Um eine Spirale sichtbar zu machen, mußte man die ausgerichtete TMV-Probe nacheinander in verschiedene Winkel zu dem Röntgenstrahlenbündel bringen. Fankucken hatte das seinerzeit nicht getan, denn vor dem Krieg nahm kein Mensch die Spiralen ernst. Ich ging zu Roy Markham, um zu sehen, ob dort etwas überflüssiges TMV zu haben war. Markham arbeitete damals am Molteno Institute, wo im Gegensatz zu allen anderen Instituten in Cambridge gut geheizt war. Diesen ungewöhnlichen Zustand verdankte man dem Asthma David Keilins, der damals der «Quick-Professor» und Leiter des Molteno Institute war. Ich freute mich über jeden Vorwand, mich ein paar Augenblicke in einer Temperatur von 21 ° Celsius aufzuhalten, obwohl ich immer befürchten mußte, daß Markham die Unterhaltung mit der Bemerkung eröffnete, ich sähe aber schlecht aus, womit er mir zu verstehen gab, daß ich mich, hätte man mich mit englischem Bier aufgezogen, sicherlich nicht in so einem kläglichen Zustand befände. Diesmal aber bewies er unerwartetes Mitgefühl und vertraute mir ohne Zögern ein paar Viren an. Die Vorstellung, daß Francis und ich uns mit Experimenten die Hände schmutzig machten, erregte seine unverhohlene Heiterkeit.

Meine ersten Röntgenaufnahmen wiesen, wie zu erwarten, weit weniger Einzelheiten auf als die veröffentlichten Bilder. Ich brauchte mehr als einen Monat, bis mir halbwegs präsentable Aufnahmen gelangen. Und auch sie waren noch weit davon entfernt, so gut zu sein, daß man eine Spirale erkannte. Das einzige wirkliche Vergnügen im Februar war ein Kostümfest, das Geoffrey Roughton im Haus seiner Eltern in der Adams Road gab. Erstaunlicherweise wollte Francis nicht hingehen, obwohl Geoffrey viele hübsche Mädchen kannte und es hieß, er trüge einen Ohrring, wenn er seine Gedichte schrieb. Odile dagegen wollte das Fest nicht versäumen, und so begleitete ich sie an seiner Stelle. Ich hatte mir die Tracht eines Soldaten aus der Restaurationszeit geliehen. Kaum hatten wir uns durch die Tür in das Gewühl mehr oder weniger betrunkener Tänzer gedrängt, war uns klar, daß der Abend ein toller Erfolg werden würde, denn allem Anschein nach waren fast alle attraktiven *au pair*-Mädchen (ausländische Mädchen, die in englischen Familien lebten) dort versammelt.

Eine Woche später fand ein Tropennacht-Ball statt, zu dem Odile um jeden Preis gehen wollte, einmal, weil sie die Dekorationen entworfen hatte, und zum anderen, weil das Fest von Negern gegeben wurde. Francis streikte wieder, aber diesmal hatte er recht. Die Tanzfläche war halb leer, und selbst nach mehreren *long drinks* hatte ich keine Lust, vor aller Augen schlecht zu tanzen. Viel wichtiger war, daß Linus Pauling im Mai zu einem von der Royal Society veranstalteten Kongreß über die Struktur der Proteine nach London kommen sollte. Man wußte nie im voraus, wo er das nächste Mal zuschlagen würde. Besonders niederdrückend war der Gedanke, er werde vielleicht den Wunsch äußern, das King's-Labor zu besuchen.

17

Aber Linus kam nicht einmal dazu, in London zu landen. Seine Reise fand schon in Idlewild ein jähes Ende – man entzog ihm den Paß. Das State Department wollte nicht, daß Unruhestifter wie Pauling um den Erdball reisten und schmutzige Dinge über die Politik der einstigen Geldgeber sagten, die jetzt die Horden der gottlosen Roten in Schach hielten. Versäumte man es, Pauling zurückzuhalten, war die Folge womöglich eine Pressekonferenz in London, bei der Linus seine Vorstellungen von friedlicher Koexistenz erläuterte. Achesons Lage war ohnehin schwierig genug. Es fehlte gerade noch, daß McCarthy eine Gelegenheit geboten wurde, laut zu verkünden, unsere Regierung ließe es zu, daß radikale, durch US-Pässe geschützte Elemente den *American way of life* aufhielten.

Francis und ich waren bereits in London, als der Skandal bis zur Royal Society drang. Die Reaktion bestand darin, daß man nicht glaubte, was man nicht glauben wollte. Es war ja auch soviel beruhigender, sich vorzustellen, daß Linus auf dem Flug nach New York erkrankt war. Einen der in der ganzen Welt führenden Wissenschaftler nicht an einer völlig unpolitischen Tagung teilnehmen zu lassen, das war eher den Russen zuzutrauen. Ein erstrangiger russischer Wissenschaftler nutzte vielleicht die Gelegenheit, in den wohlhabenderen Westen zu fliehen. Aber daß Linus fliehen wollte, das kam gar nicht in Frage. Er und seine Familie waren mit ihrer Cal Tech-Existenz vollkommen zufrieden.

Allerdings wären mehrere Mitglieder des Verwaltungsrats vom Cal Tech entzückt gewesen, wenn Pauling freiwillig gegangen wäre. Jedesmal, wenn ihnen eine Zeitung in die Hände geriet, in der er als Förderer einer Weltfriedenskonferenz erwähnt wurde, schnaubten sie vor Wut und suchten nach Wegen, Südkalifornien von seinem verderblichen Charme zu befreien. Aber Linus wußte, daß er nichts weiter als verworrenen Zorn von diesen kalifornischen Selfmade-Millionären zu erwarten hatte, die ihre außenpolitischen Kenntnisse zum größten Teil aus der *Los Angeles Times* bezogen.

Dieser Schlag war keine Überraschung für diejenigen von uns, die gerade in Oxford an einem Kongreß der Gesellschaft für Allgemeine Mikrobiologie über «Das Wesen der Vermehrung der Viren» teilgenommen hatten. Eines der Hauptreferate hatte Luria halten sollen. Aber zwei Wochen vor dem geplanten Flug nach London war ihm mitgeteilt worden, daß er keinen Paß bekäme. Wie üblich gab das State Department keine saubere Erklärung darüber ab, was es für schmutzige Verleumdung hielt.

Da Luria nicht kam, fiel mir die Aufgabe zu, die neuesten Experimente der amerikanischen Phagenforscher zu beschreiben. Ich brauchte keinen Vortrag auszuarbeiten. Ein paar Tage vor dem Kon-

Zwischenstation in Paris, auf der Fahrt an die Riviera.
Frühjahr 1952

greß hatte mir Al Hershey einen langen Brief aus Cold Spring Harbor geschickt, in dem er mir ein Resümee seiner soeben abgeschlossenen Experimente gab. Er und Martha Chase hatten festgestellt, daß bei der Infektion einer Bakterie durch einen Virus der entscheidende Vorgang das Eindringen des Virus-DNS in die Wirtsbakterie war. Dabei gelangte, und das war besonders wichtig, nur sehr wenig Protein in das Bakterium. Die Experimente hatten also einen neuen überzeugenden Beweis dafür erbracht, daß die DNS das grundlegende genetische Material war.

Dennoch bekundete kaum einer der über vierhundert erschienenen Mikrobiologen das geringste Interesse, als ich lange Abschnitte aus Hersheys Brief vorlas. Eine Ausnahme bildeten offensichtlich André Lwoff, Seymour Benzer und Gunther Stent, die alle kurz aus Paris herübergekommen waren. Sie begriffen, daß Hersheys Experimente alles andere als trivial waren und daß man der DNS von nun an immer mehr Bedeutung beimessen würde. Aber den meisten Zuhörern sagte der Name Hershey nichts. Als dann noch herauskam, daß ich Amerikaner war, ließ sie mein ungeschnittenes Haar befürchten, daß mein wissenschaftliches Urteil womöglich ebenso exzentrisch sei.

Bei diesem Kongreß gaben die englischen Pflanzenvirologen F. C. Bawden und N. W. Pirie den Ton an. Keiner der Anwesenden war der geschmeidigen Gelehrtheit Bawdens gewachsen oder dem krassen Nihilismus Piries, der eine ausgesprochene Abneigung gegen die Vorstellung entwickelte, daß manche Phagen Schwänze besaßen oder daß das TMV eine bestimmte Länge hatte. Als ich versuchte, Pirie auf Schramms Experimente festzulegen, sagte er, sie seien abzulehnen. Ich zog mich auf die politisch neutralere Frage zurück, ob die so vielen TMV-Teilchen eigene Länge von 3000 Ångström eine biologische Bedeutung habe. Der Gedanke, daß eine einfache Antwort vorzuziehen sei, sagte Pirie nicht zu. Er wußte, daß Viren zu groß waren, um eine bestimmte Struktur zu besitzen.

Ohne Lwoff wäre der Kongreß eine absolute Pleite gewesen. André interessierte sich mächtig für die Rolle der zweiwertigen Metalle bei der Reproduktion der Phagen. So war er sehr aufgeschlossen für meine Ansicht, daß die Ionen für die Struktur der Nukleinsäuren von entscheidender Bedeutung seien. Mich faszinierte besonders seine Vermutung, spezifische Ionen seien vielleicht der Dreh, mittels dessen sich die Makromoleküle identisch reproduzierten oder der die Anziehung zwischen gleichartigen Chromosomen bewirkte. Es gab aber keine Möglichkeit, unsere Träume zu prüfen, es sei denn, Rosy machte eine völlige Kehrtwendung und gab ihre feste Absicht auf, sich ausschließlich auf die klassischen Techniken der Diffraktion der Röntgenstrahlen zu verlassen.

Auf dem Kongreß der Royal Society ließ nichts darauf schließen, daß vom King's-Labor seit der Auseinandersetzung mit Francis und mir Anfang Dezember irgend jemand die Ionen auch nur erwähnt hatte. Als ich Maurice ein bißchen ausquetschte, kam heraus, daß niemand die Formen für die Molekülmodelle angerührt hatte, seit sie in seinem Labor angekommen waren. Der Zeitpunkt, wo man Rosy und Gosling zum Modellbau bewegen konnte, war noch nicht gekommen. Maurice und Rosy kabbelten sich eher noch heftiger als vor ihrem Besuch in Cambridge. Rosy behauptete jetzt steif und fest, ihre Ergebnisse hätten ihr gezeigt, daß die DNS *keine* Spirale sei. Ehe sie auf Maurices Geheiß spiralenförmige Modelle baute, würde sie bestimmt lieber den Kupferdraht für die Modelle um seinen Hals schlingen.

Als Maurice fragte, ob wir die Formen wieder nach Cambridge zurückhaben wollten, sagten wir ja, und wir ließen durchblicken, wir brauchten mehr Kohlenstoffatome, um an Hand von Modellen nachzuweisen, wie Polypeptidketten sich um Ecken wanden. Zu meiner Erleichterung zeigte Maurice großes Verständnis für alles, was nicht im King's passierte. Meine ernsthafte röntgenographische Arbeit am TMV gab ihm die Gewißheit, daß ich mich nicht so bald wieder mit der DNS-Struktur befassen würde.

18

Maurice ahnte nicht, daß mir fast unmittelbar darauf die Röntgenaufnahme gelingen würde, die ich brauchte, um die Spiralform des TMV nachzuweisen. Mein unerwarteter Erfolg war darauf zurückzuführen, daß ich eine besonders starke Röntgenröhre mit rotierender Anode benutzte, die man gerade im Labor montiert hatte. Mit dieser

Riesen-Röhre konnte ich die Aufnahmen zwanzigmal schneller machen als mit der normalen Apparatur. Im Laufe einer Woche hatte ich die Anzahl meiner TMV-Bilder mehr als verdoppelt.

Nach altem Brauch wurden damals die Tore des Cavendish-Laboratoriums Punkt zehn Uhr abends geschlossen, und obwohl der Pförtner seine Wohnung unmittelbar neben dem Eingang hatte, dachte niemand daran, ihn zu späterer Stunde zu stören. Rutherford hatte die Studenten bewußt davon abgehalten, nachts zu arbeiten. Er fand, die Sommerabende seien eher zum Tennisspielen da. Noch fünfzehn Jahre nach seinem Tod stand für Nachtarbeiter nur ein einziger Schlüssel zur Verfügung. Diesen Schlüssel hatte jetzt Hugh Huxley mit Beschlag belegt. Als Grund gab er an, die Muskelfasern seien lebendig und folglich nicht den für Physiker geltenden Vorschriften unterworfen. Wenn nötig, lieh er mir den Schlüssel oder kam die Treppe herunter, um mir das schwere Tor, das zur Free School Lane hinausführte, aufzuschließen.

Hugh war jedoch nicht im Labor, als ich spät in einer Junisommernacht noch einmal zurückkam, um die Röntgenröhre wegzustellen und die Aufnahmen von einer neuen TMV-Probe zu entwickeln. Der Neigungswinkel betrug etwa 25 Grad, so daß ich, wenn ich Glück hatte, die Spiralreflexe sehen würde. Im gleichen Augenblick, als ich das noch feuchte Negativ gegen das Licht hielt, wußte ich, wir hatten es geschafft. Die verräterischen Spiralmuster waren unverkennbar. Jetzt würden sich Luria und Delbrück mühelos überzeugen lassen, daß es Sinn hatte, wenn ich in Cambridge blieb. Trotz der mitternächtlichen Stunde hatte ich keine Lust, in mein Zimmer in der Tennis Court Road zurückzukehren, sondern spazierte selig über eine Stunde an der Rückfront der Universitätsgebäude entlang.

Am nächsten Morgen wartete ich voller Spannung auf Francis, da ich mir von ihm die Bestätigung der Spiraldiagnose erhoffte. Als er die entscheidenden Reflexe in weniger als zehn Sekunden erkannte, schwanden meine letzten Zweifel dahin. Aus Spaß ließ ich Francis zuerst noch in dem Glauben, daß ich meine Röntgenaufnahme nicht für sonderlich wichtig hielt. Ich sagte vielmehr, der wirklich bedeutende Schritt sei, daß wir die Rolle der leeren Eckchen verstanden hätten. Aber kaum hatte ich diese leichtfertige Bemerkung von mir gegeben, zog Francis auch schon gegen die Gefahren einer unkritischen

Teleologie zu Felde. Francis sagte immer, was er dachte, und setzte voraus, daß ich es ebenso tat. In Cambridge hatte man bei Gesprächen zwar oft damit Erfolg, daß man etwas völlig Absurdes sagte, in der Hoffnung, irgend jemand würde es ernst nehmen, aber Francis war nicht auf solche Schachzüge angewiesen. Ein Diskurs von zwei oder drei Minuten über die seelischen Probleme der ausländischen *au pair*-Mädchen genügte schon, um auch den steifsten Cambridger Abend zu beleben.

Natürlich war uns völlig klar, was wir als nächstes in Angriff nehmen mußten. Das TMV ließ sich vorläufig nicht weiter ausbeuten. Um tiefer in seine komplizierte Struktur einzudringen, hätte man professioneller vorgehen müssen, als ich es konnte. Außerdem war auch gar nicht sicher, ob man nicht, selbst bei verzweifeltster Anstrengung, mehrere Jahre brauchte, um die Struktur der RNS-Komponente aufzudecken. Der Weg zur DNS führte nicht über das TMV.

Es war nunmehr an der Zeit, ernsthaft über einige merkwürdige Regelmäßigkeiten in der Chemie der DNS nachzudenken. Erwin Chargaff, ein aus Österreich stammender Biochemiker an der Columbia University, hatte sie erstmals beobachtet. Seit dem Kriege hatte er mit seinen Studenten in mühsamer Arbeit die verschiedensten DNS-Proben auf das Verhältnis ihrer Anteile an Purin- und Pyrimidinbasen untersucht. Bei allen ihren DNS-Präparaten entsprach die Anzahl der Adenin(A)-Moleküle ziemlich genau der Anzahl der Thymin(T)-Moleküle, während die Anzahl der Guanin(G)-Moleküle der Anzahl der Cytosin(C)-Moleküle sehr nahe kam. Außerdem variierte der Anteil an Adenin- und Thymingruppen je nach der biologischen Herkunft der Präparate. Bei manchen Organismen wies die DNS einen Überschuß an A und T auf, während in anderen ein Übermaß an G und C enthalten war. Chargaff wußte für diese auffallenden Ergebnisse keine Erklärung anzugeben, obwohl er sie offenbar selbst für bedeutsam hielt. Als ich Francis zum erstenmal davon berichtete, ging ihm noch kein Licht auf, und er dachte weiter über andere Dinge nach.

Bald darauf aber machte es in seinem Schädel einen Klicks, und ihm kam der Verdacht, diese Regelmäßigkeiten könnten sehr wichtig sein. Das war eine Folge mehrerer Gespräche, die er mit dem jungen theoretischen Chemiker John Griffith gehabt hatte. Eines von diesen

Gesprächen fand nach einem Abendvortrag des Astronomen Tommy Gold über «Das vollkommene kosmologische Prinzip» bei einigen Glas Bier statt. Tommys Begabung, einem eine ausgefallene Idee plausibel zu machen, veranlaßte Francis, sich die Frage zu stellen, was man als Argument für ein «vollkommenes biologisches Prinzip» anführen konnte. Da er wußte, daß Griffith sich für das theoretische Schema der Reproduktion der Gene interessierte, rückte er mit der Idee heraus, das vollkommene biologische Prinzip sei die identische Verdoppelung des Gens, das heißt seine Fähigkeit, während der Zellteilung, wenn die Chromosomenzahl sich verdoppelte, eine genaue Kopie seiner selbst hervorzubringen. Griffith war damit nicht einverstanden. Er gab seit einigen Monaten einem Schema den Vorzug, wonach die Verdoppelung der Gene auf der abwechselnden Bildung von komplementären Oberflächen beruhte.

Diese Hypothese war nicht neu. Schon seit nahezu dreißig Jahren spukte sie in den Kreisen der theoretisch eingestellten Genetiker herum, wo man sich über die Verdoppelung der Gene Kopfzerbrechen machte. Nach ihrer Theorie setzte die Verdoppelung eines Gens das Entstehen eines komplementären (negativen) Abbilds voraus, dessen Gestalt sich zu der ursprünglichen (positiven) Oberfläche verhielt wie das Schlüsselloch zum Schlüssel. Dieses komplementäre, negative Bild spielte dann die Rolle einer Hohlform für den Aufbau einer neuen (positiven) Gestalt. Eine kleinere Gruppe von Genetikern wies diese komplementäre Reproduktion jedoch zurück. Ein Prominenter unter ihnen war H. J. Muller, der sich dadurch hatte beeindrucken lassen, daß mehrere wohlbekannte Physiker, namentlich Pascual Jordan, an die Existenz von Kräften glaubten, durch die gleich und gleich sich anzogen. Pauling dagegen verabscheute diesen direkten Mechanismus und reagierte höchst verärgert auf die Behauptung, er werde durch die Quantenmechanik bestätigt. Unmittelbar vor dem Krieg hatte er Delbrück (der ihn auf Jordans Artikel aufmerksam gemacht hatte) gebeten, mit ihm zusammen einen kurzen Artikel für *Science* zu schreiben, in dem ausdrücklich festgestellt wurde, daß gerade die Quantenmechanik für einen Gen-Verdoppelungs-Mechanismus sprach, der die Synthese von komplementären Kopien einschließe.

Weder Francis noch Griffith gaben sich an jenem Abend lange mit dem Wiederkäuen abgedroschener Hypothesen zufrieden. Beide wußten, daß jetzt die wichtigste Aufgabe war, die fraglichen Anziehungskräfte ausfindig zu machen. Francis machte nachdrücklich geltend, daß spezifische Wasserstoffbindungen nicht die gesuchte Lösung seien. Sie konnten unmöglich die erforderliche genaue Spezifizität ergeben, denn unsere Chemiker-Freunde hatten uns wiederholt gesagt, die Wasserstoff-Atome in den Purin- und Pyrimidinbasen hätten keine festen Plätze, sondern wanderten ziellos von einer Stelle zur anderen. Vielmehr hatte Francis das Gefühl, die DNS-Reproduktion bedinge spezifische Anziehungskräfte zwischen den glatten Oberflächen der Basen.

Zum Glück war das eine Sorte von Kräften, die Griffith wohl gerade noch berechnen konnte. Wenn das Komplementärschema richtig war, fand er vielleicht Anziehungskräfte zwischen Basen verschiedener Struktur. Wenn es dagegen ein direktes Kopieren gab, ließen seine Berechnungen möglicherweise irgendeine Anziehungskraft zwischen identischen Basen erkennen. So trennten sich die beiden, als das Lokal geschlossen wurde, mit der Abmachung, Griffith werde zusehen, ob die Berechnungen möglich seien. Ein paar Tage darauf trafen sie sich zufällig bei dem im Cavendish üblichen Schlangestehen nach Tee. Auf diese Weise erfuhr Francis, ein halbwegs rigoroses Argument deute darauf hin, daß Adenin und Thymin mit ihren glatten Oberflächen aneinanderklebten. Und ein ähnliches Argument konnte Griffith für die Existenz von Anziehungskräften zwischen Guanin und Cytosin vorbringen.

Francis stürzte sich sofort auf diese Lösung. Wenn ihn sein Gedächtnis nicht täuschte, waren das gerade die Basenpaare, die, wie Chargaff gezeigt hatte, in gleicher Anzahl auftraten. Aufgeregt erzählte er Griffith, ich hätte neulich irgend etwas über die seltsamen Ergebnisse Chargaffs gemurmelt. Im Augenblick sei er sich jedoch nicht sicher, ob es sich um dieselben Basenpaare handle. Sobald er die Unterlagen geprüft habe, werde er zu Griffith ins Büro kommen und ihm Bescheid sagen.

Bei Tisch bestätigte ich Francis, daß er Chargaffs Ergebnis richtig verstanden hatte. Doch als er dann die quantenmechanischen Argumente von Griffith prüfte, zeigte er nur gemäßigte Begeisterung. Zum einen war Griffith, nahm man ihn in die Mangel, nicht bereit, seine genaue Begründung allzu standhaft zu vertreten. Zu viele veränderliche Größen waren nicht in Betracht gezogen worden. Die Berechnungen würden also zuviel Zeit in Anspruch nehmen. Außerdem war nicht einzusehen, warum, obwohl jede Base zwei flache Seiten hatte, immer nur eine Seite gewählt wurde. Und es gab auch keinen Grund, den Gedanken auszuschließen, daß die Chargaffschen Regelmäßigkeiten auf den genetischen Code zurückzuführen waren. Irgendwie mußten ja spezifische Nukleotid-Gruppen den Code für spezifische Aminosäuren bilden. Möglicherweise entsprach das Adenin dem Thymin infolge einer bisher noch nicht entdeckten Funktion bei der Anordnung der Basen. Und schließlich hatte Roy Markham versichert, wenn Chargaff sage, das Guanin entspreche dem Cytosin, dann könnte er selbst mit der gleichen Bestimmtheit sagen, das sei nicht der Fall. Markham zufolge führten Chargaffs experimentelle Methoden unweigerlich zu einer Unterschätzung des tatsächlichen Cytosingehalts.

Trotzdem war Francis noch nicht bereit, das Schema von Griffith fallenzulassen. Anfang Juli kam John Kendrew eines Tages in unser neues Büro und erzählte uns, Chargaff selbst werde für einen Abend nach Cambridge kommen. John hatte für ihn ein Dinner im Peterhouse arrangiert, und Francis und ich wurden eingeladen, später noch auf einen Drink in Johns Zimmer dazuzukommen. Am Professorentisch im Peterhouse lenkte John das Gespräch von allen ernsten Dingen ab und deutete nur leise die Möglichkeit an, daß Francis und ich darangingen, das Problem der DNS-Struktur durch Modellversuche zu lösen. Chargaff, einer der bedeutendsten DNS-Experten, war zunächst gar nicht entzückt, daß zwei krasse Außenseiter das Rennen gewinnen wollten. Erst als John ihn mit der Bemerkung beruhigte, ich sei kein typischer Amerikaner, ging ihm auf, daß er im Begriff war, einem Verrückten zuzuhören. Ein Blick auf mich bekräftigte diese plötzliche Erkenntnis. Sofort machte er sich über meine Haare und meine Aussprache lustig, denn da ich aus Chicago kam, hatte ich kein Recht, anders zu sein. Honigsüß erklärte ich ihm, ich trüge mein Haar so lang, um jede Verwechslung mit Angehörigen der amerikanischen Air Force zu vermeiden. Damit war meine geistig-seelische Labilität klar erwiesen.

Ihren Höhepunkt erreichte Chargaffs Verachtung, als er Francis das Geständnis entlockte, er könne sich an die chemischen Unterschiede zwischen den vier Basen nicht mehr erinnern. Dieser Fauxpas entschlüpfte Francis, als er die Berechnungen von Griffith erwähnte. Er wußte nicht mehr, welche der Basen Amino-Gruppen besaßen, und konnte deswegen den quantenmechanischen Beweis qualitativ nicht beschreiben, bis ihm Chargaff auf seine Bitte die Formeln aufschrieb. Francis erklärte zu seiner Verteidigung, Formeln könne man jederzeit nachschlagen, aber das konnte Chargaff nicht davon überzeugen, daß wir wußten, worauf wir hinauswollten und wie wir dort hinkämen.

Doch was immer in Chargaffs sarkastischem Hirn vorging – irgend jemand mußte seine Ergebnisse erklären. Also flitzte Francis am nächsten Nachmittag zu Griffith hinüber ins Trinity, um sich vernünftig über Einzelheiten hinsichtlich der Basenpaare zu informieren. Er hörte ein «Herein», öffnete die Tür und erblickte Griffith mit einem Mädchen. Sofort begriff er, daß dies nicht der geeignete Augenblick für wissenschaftliches Arbeiten war. Langsam und unauffällig zog er sich zurück und bat Griffith nur, ihm noch einmal die Paare zu nennen, die bei seinen Berechnungen herausgekommen waren. Nachdem er sie auf die Rückseite eines Briefumschlags gekritzelt hatte, ging er. Da ich am Morgen eine Reise zum Kontinent angetreten hatte, war sein nächstes Ziel die Philosophische Bibliothek. Hier konnte er sich, was Chargaffs Ergebnisse betraf, der letzten Zweifel entledigen. Im Besitz dieser beiden Gruppen von Informationen wollte er dann am nächsten Tag wieder zu Griffith gehen. Aber bei weiterem Nachdenken sagte er sich, daß dessen Interessen wohl doch auf einem anderen Gebiet lagen. Es war nur allzu klar, daß die Gesellschaft kleiner Mädchen nicht unbedingt eine Zukunft in der Wissenschaft garantiert.

19

Zwei Wochen später sahen Chargaff und ich uns flüchtig in Paris. Wir waren dort beide anläßlich des Internationalen Biochemie-Kongresses. Eine Andeutung von sardonischem Lächeln war das einzige

Zeichen, daß er mich erkannt hatte, als wir uns im Hof der Sorbonne vor der Salle Richelieu begegneten. Ich war an diesem Tag auf der Suche nach Max Delbrück. Vor meiner Übersiedlung von Kopenhagen nach Cambridge hatte er mir eine Forschungsstelle in der biologischen Abteilung des Cal Tech angeboten und mir ein Stipendium der Polio Foundation verschafft, das im September 1952 anlaufen sollte. Im März hatte ich Delbrück jedoch geschrieben, ich wollte noch ein Jahr in Cambridge bleiben. Ohne Zögern sorgte er dafür, daß mein künftiges Stipendium aufs Cavendish übertragen wurde. Ich hatte mich über Delbrücks rasche Zustimmung gefreut, zumal ich wußte, daß er Strukturuntersuchungen à la Pauling, was ihren Wert für die Biologie anlangte, mit gemischten Gefühlen betrachtete.

Das Bild der TMV-Spirale in der Tasche, hatte ich einige Hoffnung, Delbrück werde meiner Entscheidung zugunsten von Cambridge jetzt mit ganzem Herzen zustimmen. Ein Gespräch, das nur ein paar Minuten dauerte, ließ jedoch keine grundlegende Änderung seiner Einstellung erkennen. Als ich kurz darlegte, wie das TMV zusammengesetzt sei, sagte Delbrück fast nichts dazu. Ebenso gleichgültig reagierte er auf meinen in aller Eile abgehaspelten summarischen Bericht über unsere Versuche, die DNS-Struktur durch Modellbasteleien herauszubekommen. Nur meine Bemerkung, Francis sei ein äußerst gescheiter Bursche, ließ Delbrück aufhorchen. Unglücklicherweise machte ich auch noch den Fehler, Francis' Denkweise mit der Paulings zu vergleichen. Aber in Delbrücks Welt war kein chemisches Denken den Schwierigkeiten eines genetischen Problems gewachsen. Und als später am Abend der Genetiker Boris Ephrussi meine Leidenschaft für Cambridge zur Sprache brachte, hob Delbrück nur angewidert die Hände hoch.

Die Sensation des Kongresses war das unerwartete Erscheinen Paulings. Vielleicht weil die Presse die Sache mit dem Paßentzug groß herausgebracht hatte, schaltete das State Department um und erlaubte Linus, seine Alpha-Spirale persönlich vorzuführen. Man setzte in aller Eile einen Vortrag an, und zwar für die gleiche Sitzung, bei der auch Perutz sprach. Trotz der kurzfristigen Ankündigung strömten die Zuhörer in Scharen herbei, in der Hoffnung, als erste etwas über eine neue geniale Eingebung zu erfahren. Paulings Vortrag war jedoch nur ein humorvolles Aufwärmen bereits veröffent-

Die Tagung in Royaumont. Juli 1952

lichter Ideen. Trotzdem schienen alle höchst befriedigt, mit Ausnahme der wenigen unter uns, die seine letzten Artikel von vorn bis hinten kannten. Nicht ein einziger neuer Geistesblitz, kein Hinweis, was zur Zeit seinen Geist beschäftigte. Nach seinem Vortrag war er von einem Schwarm von Verehrern umgeben, und ehe ich den Mut fand, zu ihm vorzudringen, gingen er und seine Frau Ava Helen in das nahe gelegene Hotel «Trianon» zurück.

Maurice stand mit einem etwas säuerlichen Gesicht herum. Er hatte seine Reise nach Brasilien unterbrochen, wo er einen Monat lang Vorlesungen über Biophysik halten sollte. Ich wunderte mich, ihn zu sehen, da es ganz und gar nicht zu ihm paßte, sich dem Schock auszusetzen, den der Anblick von zweitausend Feld-, Wald- und Wiesenbiochemikern, die sich vor und in schlecht erleuchteten barocken Hörsälen drängten, verursachen mußte. Leise und gesenkten Blicks fragte er mich, ob ich die Vorträge auch so langweilig fände wie er. Ein paar Theoretiker wie Jacques Monod und Sol Spiegelman seien ja große Redner, aber meistens wäre es ein derartig monotones Geleier, daß er kaum aufpassen könne, um die neuen Tatsachen mitzukriegen.

Um Maurices Moral zu stärken, nahm ich ihn nach dem Biochemie-Kongreß zu einer einwöchigen Tagung über Phagen in der Abtei von Royaumont mit. Wegen seiner Abreise nach Rio konnte er zwar nur eine Nacht bleiben, aber die Aussicht, dort die Leute kennenzulernen, die so schlaue biologische Experimente mit der DNS anstellten, gefiel ihm nicht schlecht. Im Zug nach Royaumont sah er jedoch ziemlich angeschlagen aus, und nichts wies darauf hin, ob er die *Times* lesen oder sich mein Geplauder über die Phagengruppe anhören wollte. Nachdem man uns in den hohen Räumen des zum Teil restaurierten Zisterzienserklosters unsere Betten zugewiesen hatte, unterhielt ich mich mit einigen Freunden, die ich seit meinem Fortgang aus den Staaten nicht mehr gesehen hatte. Später wartete ich dann vergeblich auf Maurice, und als er auch nicht zum Abendessen erschien, ging ich hinauf in sein Zimmer. Ich knipste das Licht an: er lag flach auf dem Bauch und wandte das Gesicht von dem trüben Licht ab. Irgend etwas, was er in Paris gegessen hatte, war ihm nicht richtig bekommen, aber er sagte, ich brauchte mir keine Sorgen zu machen. Am nächsten Morgen fand ich eine kurze Mitteilung vor, es gehe ihm wieder gut, aber er müsse den Frühzug nach Paris erwischen und entschuldige sich für die Unannehmlichkeiten, die er mir verursacht habe.

Am späten Vormittag erwähnte Lwoff, Pauling werde am nächsten Tag für ein paar Stunden nach Royaumont herauskommen. Ich dachte sofort angestrengt nach, wie ich es deichseln konnte, daß ich beim Mittagessen neben ihm saß. Sein Besuch hatte jedoch mit Wissenschaft nichts zu tun. Jeffries Wyman, unser wissenschaftlicher Attaché in Paris und ein Bekannter von Pauling, hatte gemeint, Linus und Ava Helen hätten vielleicht Spaß an dem strengen Charme einer Abtei aus dem 13. Jahrhundert. In einer Pause während der Morgensitzung entdeckte ich Wymans knochiges Aristokratengesicht. Er suchte André Lwoff. Die Paulings waren gekommen, und gleich darauf unterhielten sie sich mit den Delbrücks. Als Delbrück erwähnte, ich würde in zwölf Monaten ans Cal Tech kommen, hatte ich Pauling eine kurze Zeit lang ganz für mich allein. Unser Gespräch drehte sich vor allem um die Möglichkeit, daß ich meine Röntgenuntersuchungen an Viren vielleicht in Pasadena fortsetzen könnte. Über die DNS fiel praktisch kein Wort. Als ich die Sprache auf die Röntgenaufnahmen im King's College brachte, äußerte Linus die Ansicht, sehr akkurate Röntgenanalysen der Art, wie sie seine Mitarbeiter an Aminosäuren vorgenommen hätten, seien für unser eventuelles Verständnis der Nukleinsäuren äußerst wichtig.

Mit Ava Helen kam ich viel weiter. Als sie hörte, daß ich im nächsten Jahr noch in Cambridge sei, erzählte sie mir von ihrem Sohn Peter. Ich wußte bereits, daß Peter von Sir Lawrence Bragg akzeptiert worden war und bei John Kendrew auf seinen Doktor hinarbeiten sollte. Und dies ungeachtet der Tatsache, daß seine Cal Tech-Diplome, selbst wenn man seinen langen Mononukleose-Anfall berücksichtigte, sehr zu wünschen ließen. Doch John wollte sich Paulings Wunsch, Peter bei ihm unterzubringen, nicht widersetzen, zumal er wußte, daß Peter und seine schöne blonde Schwester Linda umwerfende Parties gaben. Peter und auch Linda, wenn sie ihn einmal besuchte, würden Cambridge zweifellos nicht wenig beleben. Praktisch jeder Cal Tech-Chemiestudent träumte damals davon, durch eine Heirat mit Linda Karriere zu machen. Was über Peter gemunkelt wurde, bezog sich meist auf Mädchen und war ziemlich wirr. Aber nun redete mir Ava Helen ein, Peter sei ein ausnehmend netter Junge, und jeder würde, genau wie sie selbst, froh sein, ihn um sich zu haben. Trotzdem blieb ich stumm und bezweifelte, daß Peter dem Labor so viel zu bieten hatte wie Linda. Als Linus das Zeichen zum Aufbruch gab, versprach ich Ava Helen, ich würde ihrem Sohn behilflich sein, sich an das eingeengte Leben eines Cambridger Forschungsstudenten zu gewöhnen.

Mit einer Gartenparty in Sans Souci, dem Landsitz der Baronin Edmond de Rothschild, ging die Tagung erfolgreich zu Ende. Das Problem der Kleidung war für mich nicht leicht zu lösen. Kurz vor dem Biochemiker-Kongreß war mir, während ich schlief, meine gesamte Habe aus dem Zugabteil geklaut worden. Abgesehen von ein paar Sachen, die ich in einem PX-Laden der Army aufgetrieben hatte, waren alle Kleidungsstücke, die ich noch besaß, für eine Reise in die italienischen Alpen gedacht. Als ich in Shorts meinen Vortrag über das TMV hielt, hatte ich mich sauwohl gefühlt, und die französische Gruppe fürchtete schon, ich würde noch einen Schritt weitergehen und in der gleichen Aufmachung in Sans Souci erscheinen. Ich lieh mir jedoch eine Jacke und einen Schlips und sah auf diese Weise einigermaßen manierlich aus, als unser Busfahrer uns vor dem riesigen Landhaus absetzte.

Sol Spiegelman und ich stürzten uns sofort auf einen Butler, der geräucherten Lachs und Champagner herumtrug, und schon nach wenigen Minuten wußten wir die Vorzüge einer kultivierten Aristokratie zu schätzen. Erst unmittelbar bevor wir wieder in den Bus steigen mußten, schlenderte ich in den großen Empfangssaal, wo ein Frans Hals und ein Rubens die Szenerie beherrschten. Die Baronin sagte gerade zu einigen der Anwesenden, wie sehr sie sich freue, so distinguierte Gäste zu haben. Sie bedaure nur, daß der verrückte Engländer aus Cambridge sich nicht entschlossen habe, mitzukommen und ein bißchen die Stimmung zu beleben. Im ersten Augenblick begriff ich gar nichts, aber dann ging mir ein Licht auf: Lwoff hatte es für richtig gehalten, die Baronin auf einen unzureichend gekleideten Gast vorzubereiten, der sich möglicherweise ein wenig exzentrisch benehmen werde. Jedenfalls zog ich aus meiner ersten Begegnung mit der Aristokratie die Lehre, daß man mich wahrscheinlich nie wieder einladen würde, wenn ich mich so wie alle anderen benahm.

Ferien in den italienischen Alpen. August 1952

20

Nach meinen Sommerferien zeigte ich zu Francis' Entsetzen wenig Neigung, mich auf die DNS zu konzentrieren. Ich war mit Sex beschäftigt, aber nicht auf eine Art, bei der es einer Ermutigung bedurfte. Die Paarungsgewohnheiten der Bakterien waren zugegebenermaßen ein ungewöhnliches Gesprächsthema – in den Kreisen, in denen Francis und Odile verkehrten, konnte sich absolut niemand vorstellen, daß Bakterien ein Sexualleben besitzen. Aber herauszubekommen, wie es sich abspielte, überließ man lieber unbedeutenden Geistern. In Royaumont gingen zwar Gerüchte über männliche und weibliche Bakterien um, aber erst als ich Anfang September an einer kleinen Tagung über Mikrobengenetik in Pallanza teilnahm, erfuhr ich nähere Einzelheiten aus erster Quelle: Cavalli-Sforza und Bill Hayes berichteten von den Experimenten, durch die sie und Joshua Lederberg soeben die Existenz zweier verschiedener Geschlechter bei den Bakterien nachgewiesen hatten.

Bills Auftreten war der große Clou der dreitägigen Tagung: vor seinem Vortrag hatte niemand, mit Ausnahme von Cavalli-Sforza, gewußt, daß er überhaupt existierte. Kaum aber hatte er seinen in keiner Weise anmaßenden Vortrag beendet, begriff jeder unter den Zuhörern, daß in Joshua Lederbergs Welt eine Bombe geplatzt war. 1946 war der damals erst zwanzigjährige Joshua plötzlich in der Welt der Biologen aufgetaucht: er verkündete, die Bakterien paarten sich und ließen eine genetische Rekombination erkennen. Seitdem hatte er eine so ungeheure Anzahl von hübschen Versuchen angestellt, daß mit Ausnahme von Cavalli praktisch niemand wagte, auf demselben Gebiet zu arbeiten. Wenn man eine von Joshuas drei oder fünf Stunden langen, ununterbrochenen Reden à la Rabelais mitangehört hatte, wurde nur allzu deutlich, was für ein Enfant terrible er war. Außerdem hatte er mit den Göttern die Eigenschaft gemein, jedes Jahr an Umfang zuzunehmen, und vielleicht würde er eines Tages das ganze Universum ausfüllen.

Trotz Joshuas sagenhaftem Hirn wurde die Genetik der Bakterien von Jahr zu Jahr problematischer. Nur Joshua fand noch Gefallen an der rabbinischen Kompliziertheit seiner letzten Veröffentlichungen.

Von Zeit zu Zeit versuchte ich, die eine oder andere durchzuackern, aber jedesmal blieb ich unweigerlich stecken und legte sie dann für später beiseite. Es bedurfte jedoch keiner kühnen Gedankenflüge, um zu begreifen, daß die Entdeckung zweier verschiedener Geschlechter die genetische Analyse der Bakterien erheblich vereinfachen würde. Wie aus Gesprächen mit Cavalli hervorging, konnte sich Joshua allerdings noch nicht zu einer so simplen Denkweise bequemen. Er hing an der klassischen These der Genetik, daß nämlich die männlichen und die weiblichen Zellen gleiche Mengen von genetischem Material liefern. Dabei war die Analyse, die sich hieraus ergab, von geradezu perverser Kompliziertheit. Bills Überlegungen gingen dagegen von der zunächst willkürlich erscheinenden Hypothese aus, daß nur ein Bruchteil des männlichen Chromosomenmaterials in die weibliche Zelle eindringt. Unter dieser Voraussetzung wurden alle weiteren Überlegungen unendlich viel einfacher.

Kaum war ich wieder in Cambridge, lief ich schnurstracks zu der Bibliothek, wo die Zeitschriften gehalten wurden, an die Joshua seine letzten Artikel gesandt hatte. Zu meinem Entzücken konnte ich plötzlich all die vorher so verwirrenden genetischen Rätsel verstehen. Einige Paarungen blieben weiter unerklärlich, aber es fügten sich jetzt solche Unmengen von Daten richtig ein, daß ich sicher war, wir befanden uns auf der richtigen Spur. Besonders erfreulich war die Aussicht, Joshua werde so zäh an seiner klassischen Denkweise festhalten, daß mir die unglaubliche Tour de force gelingen könnte, ihn, was die Interpretation seiner eigenen Experimente anlangte, zu schlagen.

Mein Wunsch, die Skelette in Joshuas Kabinett abzustauben, ließ Francis ziemlich kalt. Er fand die Entdeckung, daß die Bakterien sich in ein männliches und ein weibliches Geschlecht teilten, amüsant, aber nicht weiter aufregend. Er hatte fast den ganzen Sommer damit verbracht, trockene Daten für seine Dissertation zu sammeln, und war jetzt dazu aufgelegt, über wichtige Dinge nachzudenken. Die müßige Beschäftigung mit der Frage, ob die Bakterien ein, zwei oder drei Chromosomen besaßen, würde uns nicht helfen, die DNS-Struktur zu entziffern. Solange ich die DNS-Literatur im Auge behielte, bestünde noch immer die Möglichkeit, daß plötzlich etwas aus unseren DNS-Gesprächen herauskäme. Doch wenn ich zur reinen Biologie zurückkehrte, sei es mit unserem Vorsprung von einer knappen Kopflänge vor Linus bald aus.

Francis hatte damals noch das quälende Gefühl, die Chargaffschen Regeln könnten der Schlüssel zur richtigen Lösung sein. Er hatte sogar, als ich in den Alpen war, eine ganze Woche lang versucht, experimentell zu beweisen, daß in wässrigen Lösungen Anziehungskräfte zwischen Adenin und Thymin einerseits und zwischen Guanin und Cytosin andererseits wirksam waren. Doch hatten seine Bemühungen zu nichts geführt. Außerdem war es ihm nie so ganz angenehm, mit Griffith zu sprechen. Irgendwie arbeiteten ihre Gehirne nicht im gleichen Rhythmus, und jedesmal, wenn Francis sich mit der Schilderung der Vorteile einer gegebenen Hypothese abgerackert hatte, trat eine lange, peinliche Pause ein. Das war jedoch kein Grund für Francis, Maurice nicht zu erzählen, daß vermutlich Adenin und Thymin sowie Guanin und Cytosin sich gegenseitig anzogen. Da er aus einem anderen Grund Ende Oktober in London sein mußte, schrieb er Maurice ein paar Zeilen: er sehe eine Möglichkeit, im King's hereinzuschauen. Die Antwort, von einer Einladung zum Mittagessen begleitet, war so unerwartet herzlich, daß Francis sich schon eine sachliche DNS-Diskussion erhoffte.

Er machte jedoch einen Fehler: da er es für taktvoller hielt, sein Interesse für die DNS nicht zu deutlich zu zeigen, fing er an, über Proteine zu sprechen. Die Hälfte der Mittagessenszeit war auf diese Weise schon verschwendet worden. Da ging Maurice plötzlich zu dem Thema Rosy über und jammerte ununterbrochen über ihren Mangel an Bereitschaft, mit ihm zusammenzuarbeiten. Francis dachte inzwischen an unterhaltsamere Dinge, und plötzlich, als sie zu Ende gegessen hatten, fiel ihm ein, daß er um halb drei eine andere Verabredung hatte und schleunigst aufbrechen mußte. Er stürzte aus dem Haus, und erst draußen kam ihm zum Bewußtsein, daß er die Übereinstimmung zwischen den Berechnungen von Griffith und den Unterlagen von Chargaff überhaupt nicht erwähnt hatte. Schnell zurückzulaufen, das hätte zu albern ausgesehen, und so ging er weiter und fuhr am Abend nach Cambridge zurück. Am nächsten Morgen erzählte er mir, wie ergebnislos das Mittagessen verlaufen war, und versuchte mich für eine zweite Attacke auf die DNS-Struktur zu begeistern.

Ich fand es jedoch sinnlos, wieder von vorn mit der DNS anzufangen. Keinerlei neue Ergebnisse hatten den faden Nachgeschmack der im vergangenen Winter erlittenen Niederlage vertrieben. Das einzige neue Resultat, das wir wahrscheinlich noch vor Weihnachten bekommen würden, war vermutlich, daß der DNS-haltige Phage T 4 ein zweiwertiges Metall enthielt. Und sollten wir eine große Menge davon finden, so wies das mit großer Wahrscheinlichkeit auf eine Mg^{++}-Bindung in der DNS hin. Mit solchem Material konnte ich die King's-Leute vielleicht zwingen, ihre DNS-Proben wenigstens einmal zu analysieren. Aber die Aussicht auf sofortige und eindeutige Resultate war nicht sehr groß. Maaløes Kollege Nils Jerne sollte uns den Phagen aus Kopenhagen schicken. Anschließend mußte ich sorgfältige Messungen seines Gehalts an zweiwertigem Metall und an DNS vornehmen. Und schließlich müßte sich Rosy endlich in Bewegung setzen.

Zum Glück sah es nicht so aus, als sei Linus an der DNS-Front eine unmittelbare Gefahr. Peter Pauling kam in Cambridge mit der vertraulichen Nachricht an, daß sein Vater voll und ganz mit Modellen für die sekundäre Windung der Alpha-Spirale im Haarprotein Keratin beschäftigt sei. Für Francis war das keine besonders erfreuliche Neuigkeit. Fast ein ganzes Jahr lang hatte ihn das Problem, wie sich die Alpha-Spiralen noch einmal um sich selbst ringelten, zwischen Hochstimmung und Verzweiflung hin- und herschwanken lassen. Das Dumme war, daß seine Gleichungen nie ganz richtig aufgingen. Wenn man ihn in die Enge trieb, mußte er zugeben, daß seine Beweisführung ihre schwachen Punkte hatte. Jetzt zeichnete sich die Möglichkeit ab, daß Linus, obwohl seine Lösung auch nicht besser sein würde, den ganzen Ruhm für die gewundenen Spiralen erntete.

Er brach die Experimente für seine Dissertation ab und widmete sich mit doppelter Energie den Gleichungen für gewundene Spiralen. Diesmal fielen sie richtig aus, teils dank der Hilfe Kreisels, der nach Cambridge herübergekommen war, um ein Wochenende mit Francis zu verbringen. Schnell entwarfen die beiden einen Brief an *Nature* und gaben ihn Bragg, damit er ihn den Herausgebern schickte und sie in einem Begleitschreiben um rasche Veröffentlichung bat. Wenn man die Herausgeber auf einen überdurchschnittlich interessanten

Artikel eines britischen Staatsangehörigen hinwies, würden sie alles daran setzen, das Manuskript sofort zu veröffentlichen. Und mit etwas Glück konnten Francis' gewundene Spiralen gleichzeitig mit denen Paulings und vielleicht sogar noch vor ihnen in Druck gehen.

So fand man in Cambridge und außerhalb von Cambridge immer mehr, daß Francis' Gehirn ein guter Aktivposten war, und nur ein paar Outsider hielten ihn noch immer für eine komische Sprechmaschine. Er war offenbar fähig, Probleme zu Ende zu denken. Sein wachsender Ruhm zeigte sich darin, daß er im Frühherbst ein Angebot erhielt, für ein Jahr zu David Harker nach Brooklyn zu gehen. Harker hatte eine Million Dollar zusammengebracht, um die Struktur eines bestimmten Enzyms, der Ribonuklease, aufzuklären. Jetzt war er auf der Suche nach Talenten, und das Angebot von 6000 Dollar für ein Jahr kam Odile wundervoll großzügig vor. Francis reagierte, wie zu erwarten, mit gemischten Gefühlen. Es mußte einen Grund dafür geben, daß man so viele Witze über Brooklyn erzählte. Andererseits aber war er noch nie in den Staaten gewesen, und Brooklyn war ein guter Ausgangspunkt, um andere, angenehmere Gegenden zu besuchen. Außerdem, wenn Bragg erfuhr, daß Crick für ein Jahr wegging, würde er ein Gesuch von Max und John, Francis nach Vorlegung seiner Dissertation für drei weitere Jahre anzustellen, sehr viel freundlicher ansehen. So schien es das beste zu sein, das Angebot versuchsweise anzunehmen. Mitte Oktober schrieb er an Harker, daß er im Herbst nächsten Jahres nach Brooklyn käme.

Als der Herbst zu Ende ging, war ich noch immer ganz verzückt von den Bakterienpaarungen. Oft fuhr ich nach London, um mit Bill Hayes in seinem Labor im Hammersmith Hospital zu sprechen. Jedesmal, wenn ich abends, vor der Rückfahrt nach Cambridge, Maurice zu einem gemeinsamen Abendessen mitschleppen konnte, schnappten meine Gedanken wieder nach der DNS. Doch manchmal entschwand Maurice schon am Nachmittag, und seine Kollegen im Labor waren überzeugt, daß eine kleine Freundin dahinterstecke. Schließlich kam heraus, daß alles nur Gerede war. Er verbrachte die Nachmittage in einer Sporthalle, wo er Fechten lernte.

Was Rosy anbetraf, so war die Lage kritisch wie immer. Nach Maurices Rückkehr aus Brasilien hatte man den sicheren Eindruck, daß sie eine Zusammenarbeit eher noch für unmöglicher hielt als vorher. Maurice machte sich deshalb notgedrungen wieder an die Interferenzmikroskopie und suchte nach einem Trick, wie man Chromosomen wiegen konnte. Das Problem, für Rosy irgendwo anders einen Job zu finden, hatte er Randall, seinem Boss, aufgeladen, aber das Höchste der Gefühle würde eine Stellung sein, die sie frühestens in zwölf Monaten antreten konnte. Ihr säuerliches Lächeln war schließlich kein Grund zu fristloser Entlassung. Außerdem gerieten ihre Röntgenbilder von Tag zu Tag hübscher. Dennoch deutete nichts darauf hin, daß ihr die Spiralen nun besser gefielen. Im übrigen hielt sie es für erwiesen, daß sich das Zucker-Phosphat-Skelett an der Außenseite des DNS-Moleküls befand. Es war nicht leicht zu entscheiden, ob diese Behauptung auf irgendeiner wissenschaftlichen Grundlage beruhte. Solange Francis und ich nicht an die experimentellen Daten herankamen, war es wohl das beste, für alle Möglichkeiten aufgeschlossen zu sein. So widmete ich mich denn wieder meinen Gedanken über Sex.

21

Ich wohnte inzwischen im Clare College. Bald nach meiner Ankunft in Cambridge hatte Max mich im Clare in die Liste der Forschungsstudenten geschmuggelt. Auf einen weiteren Doktor hinzuarbeiten, war natürlich Unsinn, aber dieser Schlich war die einzige Möglichkeit, vielleicht einmal ein Zimmer im College zu bekommen. Mit dem Clare hatten wir eine unerwartet gute Wahl getroffen. Abgesehen davon, daß es am Cam lag und einen herrlich gepflegten Garten hatte, war man dort, wie ich später feststellen konnte, Amerikanern gegenüber besonders rücksichtsvoll.

Bevor ich dort einzog, wäre ich fast im Jesus College hängengeblieben. Max und John hatten gedacht, bei einem der kleineren Colleges hätte ich die größte Chance, aufgenommen zu werden, denn im Vergleich zu den großen, berühmteren und reicheren Colleges wie dem Trinity und dem King's gab es dort verhältnismäßig wenige Forschungsstudenten. Max hatte darum den Physiker Denis Wilkinson, damals Dozent am Jesus, gefragt, ob dort etwas frei sei. Am nächsten Tag kam Denis vorbei und sagte, das Jesus College wolle mich nehmen, ich solle eine Verabredung treffen, um mich über die Immatrikulationsformalitäten zu informieren.

Eine Unterredung mit dem Rektor veranlaßte mich jedoch, es anderswo zu versuchen. Die geringe Anzahl von Forschungsstudenten am Jesus College stand offenbar in einem unmittelbaren Zusammenhang mit dem fabelhaften Ruf seiner Rudermannschaft. Kein Forschungsstudent konnte im College wohnen, und insofern zog die Tatsache, ein Jesus-Mann zu sein, als einzige voraussehbare Folge beträchtliche Ausgaben für einen Doktorgrad nach sich, den ich nie erwerben würde. Nick Hammond, der Rektor des Clare, malte seinen ausländischen Forschungsstudenten ein sehr viel rosigeres Bild. Vom zweiten Studienjahr an könne ich ins College ziehen. Außerdem hätte ich im Clare Gelegenheit, mehrere andere amerikanische Forschungsstudenten kennenzulernen.

In meinem ersten Jahr in Cambridge, als ich noch bei den Kendrews in der Tennis Court Road wohnte, hatte ich vom Collegeleben praktisch nichts gesehen. Nach meiner Immatrikulation ging ich mehrmals zum Essen in die Mensa, bis ich herausfand, wie unwahrscheinlich es war, auch nur irgendeinen Menschen während der zehn oder zwölf Minuten zu treffen, die man brauchte, um die braune Suppe, das faserige Fleisch und den unverdaulichen Pudding – das übliche Abendessen – herunterzuschlingen. Selbst als ich im zweiten Jahr ins Clare zog, in Räume, die am Treppenhaus R des Memorial Court gelegen waren, setzte ich meinen Mensaboykott fort. Im «Whim» konnte ich wesentlich später frühstücken als im College. Für drei Shilling und sechs Pence hatte ich dort einen halbwegs warmen Platz, wo ich die *Times* lesen konnte, während die Trinity-Typen mit ihrem platten Barett im *Telegraph* oder der *News Chronicle* blätterten. Abends ein geeignetes Lokal in der Stadt zu finden, war schon schwieriger. Das «Arts» oder das «Bath Hotel» konnte ich mir nur bei besonderen Gelegenheiten leisten. So hielt ich mich, wenn weder Odile noch Elizabeth Kendrew mich zum Abendessen einluden, an das Gift, das einem in den indischen und zyprischen Etablissements verabreicht wurde.

Mein Magen hielt das nur bis Anfang November aus. Von da an aber hatte ich fast jeden Abend heftige Schmerzen. Abwechselnde Kuren mit Bikarbonat und Milch halfen nichts, und obwohl Elizabeth mir versicherte, das sei nicht weiter besorgniserregend, begab ich mich in das eiskalte Sprechzimmer eines Arztes in der Trinity Street. Ich durfte zunächst die Rudertrophäen an der Wand bewundern und wurde dann mit einem Rezept hinauskomplimentiert, für das ich eine große Flasche mit einer weißen Flüssigkeit bekam, die ich nach jeder Mahlzeit einnehmen sollte. Damit hielt ich mich fast zwei Wochen lang auf den Beinen. Als die Flasche leer war, ging ich, da ich fürchtete, ich hätte ein Ulkus, wieder zu dem Arzt. Doch die hartnäckigen dyspeptischen Schmerzen eines Ausländers riefen bei ihm nicht einmal ein mitfühlendes Wort hervor, und wieder trat ich mit einem Rezept für das weiße Zeugs meinen Rückzug an.

An jenem Abend unterbrach ich meinen Heimweg und ging zu dem Haus, das die Cricks kürzlich erworben hatten. Ich wollte ein bißchen mit Odile plaudern und hoffte, darüber meinen Magen zu vergessen. Die Cricks hatten die Wohnung am Green Door mit geräumigeren Zimmern am nahen Portugal Place vertauscht. Die tristen Tapeten in den unteren Stockwerken waren schon verschwunden, und Odile nähte gerade Vorhänge, die einem Haus, in dem es sogar ein Badezimmer gab, angemessen waren. Nachdem ich ein Glas warme Milch bekommen hatte, kamen wir auf Peter Pauling und seine neueste Entdeckung zu sprechen: Max' *au pair*-Mädchen Nina, eine junge Dänin. Dann erörterten wir das Problem, wie ich zu der erstklassigen, von Camille «Pop» Prior geleiteten Pension in der Nr. 8 der Scoope Terrace Beziehungen knüpfen konnte. Das Essen bei Pop würde kaum wesentlich besser als das Mensaessen sein, aber die französischen Mädchen, die zur Verbesserung ihrer englischen Sprachkenntnisse nach Cambridge kamen – das war schon eine andere Sache. Allerdings konnte man um einen Platz an Pops Mittagstisch nicht einfach bitten. Odile und Francis meinten darum, die beste Taktik, einen Fuß in die Tür zu kriegen, sei, bei Pop, deren verstorbener Mann Französisch-Lehrer gewesen war, französischen Sprachunterricht zu nehmen. Wenn ich Pop gefiel, lud sie mich vielleicht zu einer ihrer Sherry-Parties ein, damit ich ihre derzeitige Schar junger Ausländerinnen kennenlernte. Odile versprach, bei Pop anzurufen und zu

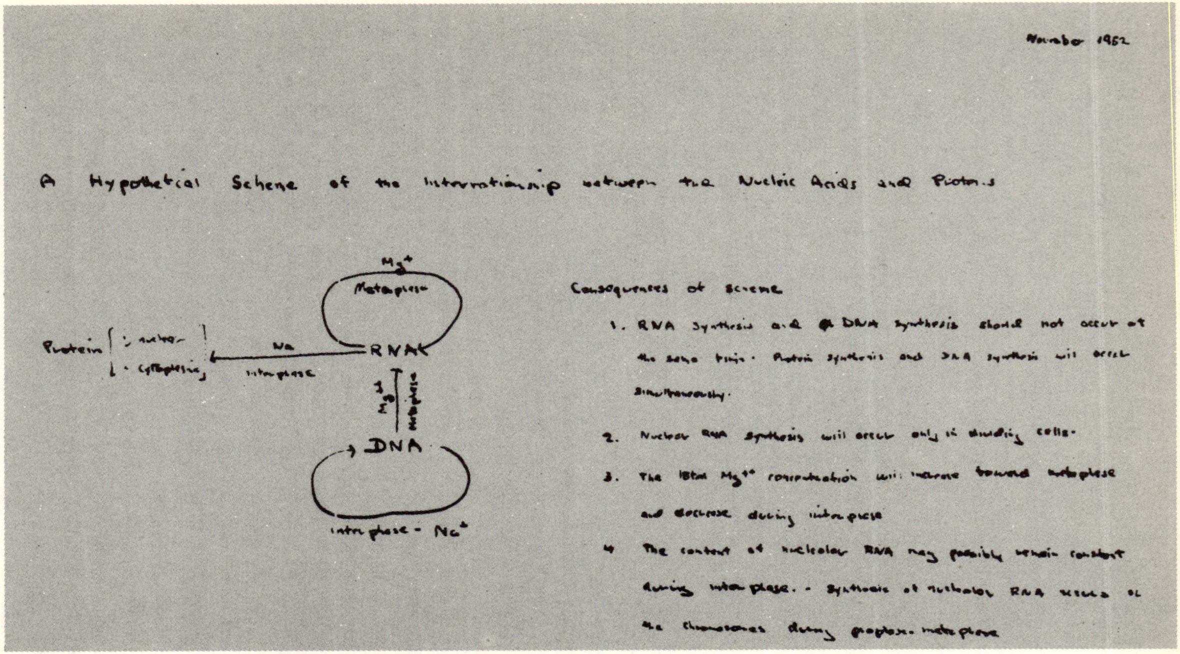

November 1952

A Hypothetical Scheme of the Interrelationship between the Nucleic Acids and Proteins

Consequences of scheme

1. RNA Synthesis and DNA synthesis should not occur at the same time. Protein synthesis and DNA synthesis will occur simultaneously.
2. Nuclear RNA synthesis will occur only in dividing cells.
3. The ... Mg^{++} concentration will increase toward metaphase and decrease during interphase
4. The content of nucleolar RNA may possibly remain constant during interphase. - Synthesis of nucleolar RNA occurs on the chromosomes during prophase-metaphase

Die ersten Ideen über die Beziehung von DNS und RNS zu den Proteinen

November 1952

Hypothetisches Schema der wechselseitigen Beziehung zwischen Nukleinsäuren und Proteinen

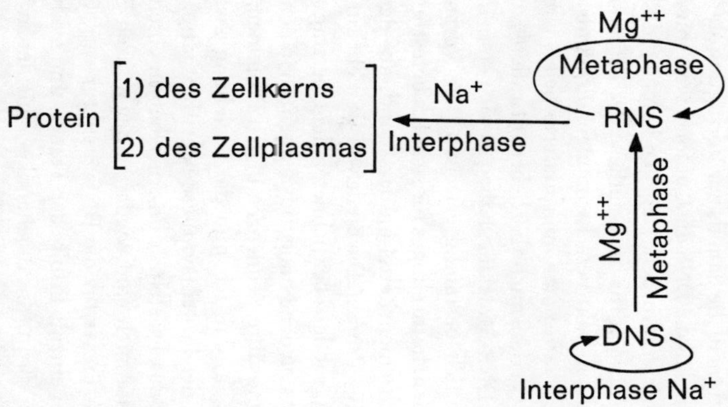

Konsequenzen des Schemas

1. RNS-Synthese und DNS-Synthese können nicht zur gleichen Zeit erfolgen. Protein-Synthese und DNS-Synthese erfolgen gleichzeitig.
2. Die Synthese der Kern-RNS erfolgt nur während der Zellteilung.
3. Die Gesamtkonzentration an Mg^{++} nimmt zu während der Metaphase und nimmt ab während der Interphase.
4. Der Gehalt an nukleolärer RNS bleibt während der Interphase möglicherweise konstant. Die Synthese der nukleolären RNS erfolgt an den Chromosomen während der Prophase-Metaphase.

sehen, ob sich die Sache mit den Französisch-Stunden deichseln ließ, und ich radelte zu meinem College zurück, voller Hoffnung, meine Magenschmerzen würden bald einen triftigen Grund zum Verschwinden haben.

In meinem Zimmer zündete ich sofort das Kohlenfeuer an. Aber bevor ich bettreif war – das wußte ich aus Erfahrung –, würde der Hauch meines Atems nicht unsichtbar werden. Ich hatte zu kalte Finger, um leserlich schreiben zu können. Darum kauerte ich mich so dicht wie möglich vor dem Kamin hin und träumte, wie sich mehrere DNS-Ketten auf hübsche und wissenschaftlich ergiebige Weise zusammenfalteten. Bald jedoch gab ich den Versuch, auf der molekularen Ebene zu denken, auf und widmete mich wieder der leichteren Aufgabe, biochemische Artikel über die wechselseitigen Beziehungen zwischen der DNS, der RNS und der Synthese der Proteine zu lesen.

Fast alle Informationen, die damals zur Verfügung standen, überzeugten mich davon, daß die DNS die Gußform war, mit deren Hilfe die RNS-Ketten fabriziert wurden. Dagegen kamen die RNS-Ketten am ehesten als Gußformen für die Synthese der Proteine in Frage. Dann waren da noch ein paar verschwommene Ergebnisse, die man mit Seeigeln erhalten hatte: man interpretierte sie als Umwandlung von DNS in RNS. Ich verließ mich aber lieber auf andere Experimente, nach denen sich die DNS-Moleküle, haben sie sich erst einmal gebildet, als außerordentlich beständig erweisen. Die Vorstellung, die Gene seien unsterblich, hatte einiges für sich. Ich befestigte also über meinem Schreibtisch einen Zettel an der Wand, auf dem zu lesen stand: DNS→ RNS→ Protein. Die Pfeile wiesen nicht auf chemische Umwandlungen hin, sondern bezeichneten die Übertragung genetischer Informationen von den Nukleotid-Sequenzen in den DNS-Molekülen auf die Aminosäure-Sequenzen in den Proteinen.

Mit dem Gedanken, daß ich nun die Beziehung zwischen den Nukleinsäuren und der Proteinsynthese begriffen hatte, schlief ich zufrieden ein. Aber das Frösteln beim Anziehen in einem eiskalten Schlafzimmer brachte mich bald wieder zu der wahren Erkenntnis, daß ein Slogan kein Ersatz für die DNS-Struktur war. Ohne diese Struktur bestand der einzige Erfolg, den Francis und ich haben würden, wahrscheinlich darin, die Biochemiker, mit denen wir uns in einer nahe gelegenen Kneipe trafen, überzeugen zu können, daß wir die fundamentale Bedeutung der Komplexität in der Biologie eben nicht zu würdigen wußten. Aber selbst wenn Francis endlich damit aufhörte, über gewundene Spiralen nachzudenken, und ich die Bakteriengenetik aufsteckte, saßen wir, und das war schlimmer als alles andere, noch immer an derselben Stelle fest wie zwölf Monate zuvor. Das Mittagessen im «Eagle» verging oft, ohne daß die DNS auch nur erwähnt wurde. Nur bei den anschließenden Spaziergängen an der Rückfront der Collegegebäude entlang schlichen sich die Gene hin und wieder für einen Augenblick in unsere Gedanken ein.

Einige dieser Spaziergänge gaben unserem Enthusiasmus einen solchen Aufschwung, daß wir nach Rückkehr in unser Labor wieder an den Modellen herumbastelten. Aber meistens entdeckte Francis fast sofort, daß die Überlegungen, die uns für einen Augenblick Hoffnung gegeben hatten, zu nichts führten. Dann machte er sich wieder an die Prüfung der Hämoglobin-Röntgenbilder, aus denen sich seine Doktorarbeit ergeben sollte. Ein paarmal arbeitete ich ein halbes Stündchen allein weiter. Aber ohne Francis und sein ermutigendes Geplauder zeigte sich nur zu deutlich, daß ich unfähig war, in drei Dimensionen zu denken.

Deswegen mißfiel es mir durchaus nicht, daß wir unser Büro mit Peter Pauling teilten, der inzwischen als Forschungsstudent von Kendrew im Studentenwohnheim des Peterhouse wohnte. Peters Gesellschaft bedeutete, daß man jedesmal, wenn es mit der Wissenschaft nicht weiterging, breit und ausgiebig die verschiedenen Vorzüge englischer, europäischer und kalifornischer Mädchen miteinander vergleichen konnte. Doch Peters breites Grinsen, als er eines Nachmittags ins Büro geschlendert kam und gleich darauf die Füße auf seinen Schreibtisch legte, hatte nichts mit dem hübschen Gesicht eines Mädchens zu tun. Er hielt einen Brief aus den Staaten in der Hand, den er beim Mittagessen im Peterhouse vorgefunden hatte.

Der Brief war von seinem Vater. Und er enthielt außer dem üblichen Familientratsch die seit langem befürchtete Nachricht, daß Linus jetzt eine Struktur für die DNS habe. Einzelheiten darüber, was er vorhatte, wurden nicht angegeben, und je öfter der Brief von Francis zu mir und von mir zu Francis wanderte, desto größer war unsere Enttäuschung. Schließlich fing Francis an, im Zimmer auf und ab zu gehen und dabei laut vor sich hin zu denken. Er hoffte, in einer großen geistigen Anstrengung rekonstruieren zu können, was Linus vermutlich gemacht hatte. Solange uns Linus die Lösung nicht gesagt hatte, konnten wir den gleichen Ruhm ernten, wenn wir sie nur zur gleichen Zeit ankündigten.

Bis wir zum Tee hinaufgingen und Max und John von dem Brief erzählten, tauchte jedoch nichts auf, was die Mühe gelohnt hätte. Bragg kam einen Augenblick herein, doch keiner von uns machte sich das boshafte Vergnügen, ihm mitzuteilen, daß die amerikanischen Labors wieder einmal drauf und dran waren, die englischen zu demütigen. Während wir geräuschvoll unsere Schokoladenkekse kauten, versuchte John uns aufzumuntern: es sei doch möglich, daß Linus sich geirrt habe; schließlich und endlich habe er Maurices und Rosys Aufnahmen nie gesehen. Aber im tiefsten Innern glaubte keiner von uns daran.

22

Bis Weihnachten trafen keine neuen Nachrichten aus Pasadena ein. Langsam schöpften wir wieder Hoffnung. Wenn Pauling eine wirklich aufregende Lösung gefunden hatte, konnte das nicht lange ein Geheimnis bleiben. Irgendeiner seiner graduierten Studenten wußte bestimmt, wie sein Modell aussah, und wenn es wirklich Folgen für die Biologie nach sich zog, würde das Gerücht bald zu uns dringen. Selbst wenn Linus irgendwie der richtigen Struktur nahe gekommen war, so sprach doch alles dagegen, daß er sich dem Geheimnis der Reproduktion der Gene genähert hatte. Und je mehr wir über die Chemie der DNS nachdachten, um so unwahrscheinlicher erschien es uns, daß jemand, und sei es ein Pauling, ihre Struktur herausfand, ohne die im King's geleisteten Arbeiten zu kennen.

Als ich auf meiner Reise in die Schweiz, wo ich über Weihnachten Ski laufen wollte, durch London kam, hatte Maurice gerade erfahren, daß Linus ihm ins Gehege geraten war. Da Paulings Attacke auf die DNS eine Notlage geschaffen hatte, hoffte ich, Maurice würde Francis und mich um Hilfe angehen. Doch wenn Maurice glaubte, Linus habe eine Chance, den Preis an sich zu reißen, so ließ er es sich zumindest nicht anmerken. Es schien ihm viel wichtiger, mir zu erzählen, daß Rosys Tage im King's gezählt waren. Sie hatte zu Maurice gesagt, sie wollte so bald wie möglich in Bernals Labor im Birkbeck College überwechseln. Außerdem hatte sie – zu seiner Überraschung und Erleichterung – nicht die Absicht, das DNS-Problem mitzunehmen. Im Laufe der nächsten Monate sollte sie zum Abschluß ihres Aufenthalts einen zur Veröffentlichung bestimmten Bericht über ihre Arbeiten schreiben. Und dann, wenn Rosy endlich aus seinem Labor entschwunden war, wollte Maurice mit einer gründlichen Erforschung der DNS-Struktur beginnen.

Als ich Mitte Januar nach Cambridge zurückkam, suchte ich Peter auf, um zu hören, was in seinen letzten Briefen von zu Hause stand. Abgesehen von einer kurzen Erwähnung der DNS handelte es sich um Familiengeschwätz. Aber diese eine sachliche Bemerkung war nicht gerade beruhigend. Linus hatte ein Manuskript über die DNS verfaßt und wollte Peter demnächst einen Durchschlag schicken. Wieder enthielt der Brief keinerlei Hinweis, wie das Modell denn nun aussah. Während wir auf das Eintreffen des Manuskripts warteten, hielt ich meine Nerven in Schach, indem ich meine Ideen über die Sexualität der Bakterien niederschrieb. Ein kurzer Besuch bei Cavalli in Mailand, unmittelbar nach meinen Skiferien in Zermatt, hatte mich davon überzeugt, daß meine Spekulationen darüber, wie die Bakterien sich paarten, wahrscheinlich richtig waren. Ich hatte Angst, Lederberg könne bald dasselbe Licht aufgehen, und wollte darum so schnell wie möglich mit Bill Hayes einen gemeinsamen Aufsatz veröffentlichen. Aber dieses Manuskript lag noch nicht in seiner endgültigen Fassung vor, als in der ersten Februarwoche der Paulingsche Artikel den Atlantik überquerte.

In Wirklichkeit waren zwei Durchschläge nach Cambridge unterwegs: einer für Sir Lawrence, der andere für Peter. Als Bragg sein Exemplar erhielt, bestand seine ganze Reaktion darin, daß er es beiseite legte. Da er nicht wußte, daß Peter ebenfalls ein Exemplar bekommen hatte, zögerte er, das Manuskript mit in Max' Büro hinunterzunehmen, denn dort würde Francis es sehen und ein fürchterliches Gezeter anfangen. So wie die Dinge im Augenblick standen, brauchte er Francis' Lache nur noch acht Monate zu ertragen. Das heißt, wenn Francis seine Doktorarbeit pünktlich ablieferte. Und wenn Crick erst im Exil in Brooklyn war, würde mindestens ein Jahr, vielleicht auch noch länger, Friede und Eintracht herrschen.

Während Sir Lawrence noch hin und her überlegte, ob er es riskieren konnte, ihn von seiner Doktorarbeit abzulenken, saßen Francis und ich bereits über dem Durchschlag, den Peter nach dem Mittagessen mitgebracht hatte. Schon als Peter zur Tür hereingekommen war, hatte sein Gesichtsausdruck verraten, daß etwas Wichtiges geschehen war, und mir wurde schlecht vor Angst, zu erfahren, daß nun alles verloren sei. Peter merkte, daß weder Francis noch ich die Ungewißheit länger ertragen konnten. Schnell erzählte er, daß das Modell eine dreikettige Spirale sei, mit dem Zucker-Phosphat-Skelett in der Mitte. Das klang so verdächtig nach unserem fehlgeschlagenen Versuch vom vergangenen Jahr, daß ich mich sofort fragte, ob wir nicht längst Ehre und Ruhm einer großen Entdeckung geerntet hätten, wenn Bragg uns nicht immer gebremst hätte. Um Francis nicht die Chance zu lassen, als erster um das Manuskript zu bitten, zog ich es Peter aus der Manteltasche und fing an zu lesen. Ich brauchte nicht einmal zehn Minuten für die Zusammenfassung und die Einleitung und war damit auch schon bei den Figuren angelangt, die die Lage der wesentlichen Atome zeigten.

Auf Anhieb hatte ich das Gefühl, daß irgend etwas nicht stimmte. Ich konnte nur nicht sagen, was, bis ich mir die Illustrationen mehrere Minuten lang genau ansah. Dabei wurde mir klar, daß die Phosphatgruppen in Paulings Modell nicht ionisiert waren, sondern daß jede Gruppe ein gebundenes Wasserstoffatom enthielt und darum keine elektrische Ladung besaß. Paulings Nukleinsäure war sozusagen gar keine Säure! Überdies stellten die ungeladenen Phosphatgruppen keine nebensächliche Eigenschaft dar. Die Wasserstoffatome waren Bestandteil der Wasserstoffbindungen, welche die frei verschlungenen Ketten zusammenhielten. Ohne sie flögen die Ketten sofort in alle Richtungen auseinander, und es gäbe keine Struktur mehr.

Alles, was ich über die Chemie der Nukleinsäuren wußte, wies darauf hin, daß Phosphatgruppen nie gebundene Wasserstoffatome enthielten. Niemand hatte je daran gezweifelt, daß die DNS eine mäßig starke Säure war. So mußten sich unter physiologischen Bedingungen immer positiv geladene Ionen wie Natrium oder Magnesium in der Nähe herumtreiben und die negativ geladenen Phosphatgruppen neutralisieren. Alle unsere Spekulationen, ob die Ketten von zweiwertigen Ionen zusammengehalten wurden, hätten keinen Sinn gehabt, wenn irgendwelche Wasserstoffatome fest mit den Phosphatgruppen verbunden gewesen wären. Und doch war Linus – zweifellos der schlaueste Chemiker auf der ganzen Welt – zu dem entgegengesetzten Schluß gelangt!

Als sich auch Francis über Paulings unorthodoxe Chemie nur wundern konnte, atmete ich ruhiger. Ich wußte nun, daß wir noch immer im Rennen waren. Beide hatten wir jedoch nicht die leiseste Ahnung, wie Linus zu diesem Schnitzer gelangt war. Hätte ein Student einen solchen Bock geschossen, dann hätte man ihn für unfähig gehalten, von der chemischen Fakultät am Cal Tech zu profitieren. So war es verständlich, daß wir zunächst fürchteten, Paulings Modell sei eine Folge einer völlig neuartigen Bewertung der Säurebasen-Eigenschaften sehr großer Moleküle. Der Ton des Manuskripts schloß jedoch einen solchen revolutionären Fortschritt in der chemischen Theorie aus. Es bestand kein Grund, eine erstrangige theoretische Entdekkung dieser Art geheimzuhalten. In einem solchen Fall hätte Linus zwei Artikel geschrieben: einen, um die neue Theorie zu beschreiben, und den zweiten, um zu zeigen, wie er sie zur Aufdeckung der DNS-Struktur benutzt hatte.

Der Schnitzer war so unglaublich, daß wir ihn nach ein paar Minuten einfach nicht mehr für uns behalten konnten. Ich stürzte hinüber in Roy Markhams Labor, um die Nachricht zu verbreiten und bestätigt zu bekommen, daß Linus mit seiner Chemie schief gewickelt war. Markham drückte, wie vorauszusehen, seine Freude darüber aus, daß ein Geistesriese seine elementare College-Chemie vergessen hatte. Und er konnte sich nicht enthalten, uns zu verraten, daß einer der großen Männer Cambridges auch bei einer bestimmten Gelegenheit seine Chemie vergessen hatte. Gleich darauf raste ich zu den organischen Chemikern. Auch da hörte ich wieder die wohltuenden Worte: die DNS sei eine Säure.

Zur Teezeit war ich wieder im Cavendish. Francis erklärte John und Max gerade, daß nun auf unserer Seite des Atlantiks keine Minute mehr zu verlieren sei. Sobald sein Irrtum herauskam, würde Linus nicht ruhen, bis er die richtige Struktur gefunden hatte. Im Augenblick setzten wir unsere Hoffnung darauf, daß seine Chemikerkollegen aus Ehrfurcht vor seinem überragenden Intellekt die Einzelheiten seines Modells nicht nachprüften. Doch da das Manuskript bereits an die Proceedings of the National Academy gesandt worden war, würde Paulings Artikel spätestens Mitte März über die ganze Welt verbreitet werden. Und dann war es nur noch eine Frage von Tagen, bis der Irrtum entdeckt wurde. Auf jeden Fall blieben uns noch annähernd sechs Wochen, bis Linus wieder mit Volldampf auf der Jagd nach der DNS war.

Obwohl wir Maurice natürlich warnen mußten, riefen wir ihn nicht sofort an. Francis' Wortschwall konnte Maurice veranlassen, das Telefongespräch unter irgendeinem Vorwand abzubrechen, bevor man ihm alle Folgen, die sich aus Paulings Wahnsinnstat ergaben, eingehämmert hatte. Da ich in ein paar Tagen zu Bill Hayes nach London fahren mußte, war es das vernünftigste, wenn ich das Manuskript mitnahm und es Maurice und Rosy zur Prüfung vorlegte.

Die Aufregungen der letzten paar Stunden machten jedes weitere Arbeiten an diesem Tag unmöglich. Francis und ich gingen zum «Eagle» hinüber, und kaum wurden seine Tore für den Abend geöffnet, tranken wir auch schon auf Paulings Mißerfolg. Statt zu einem Sherry ließ ich mich von Francis zu einem Whisky einladen. Obwohl die Zeichen noch immer gegen uns zu stehen schienen, hatte Linus seinen Nobelpreis noch nicht gewonnen.

23

Maurice war gerade sehr beschäftigt, als ich kurz vor vier mit der Nachricht bei ihm hereinspaziert kam, daß Paulings Modell das Ziel weit verfehlt hatte. So ging ich bis ans Ende des Korridors zu Rosys Labor, in der Hoffnung, sie dort zu finden. Da die Tür halb offen stand, stieß ich sie ganz auf – und sah Rosy, wie sie sich gerade über einen Lichtkasten beugte, auf dem die Röntgenaufnahmen lagen, die sie gerade messen wollte. Im ersten Augenblick war sie erschrocken, aber dann gewann sie rasch ihre Fassung wieder und sah mich unverwandt an. Ihr Blick gab mir zu verstehen, daß ungebetene Gäste wenigstens die Höflichkeit haben sollten, anzuklopfen.

Ich fing schon an, ihr zu sagen, daß Maurice zu tun habe, doch bevor die Beleidigung ganz ausgesprochen war, fragte ich sie, ob sie einen Blick auf Peters Durchschlag von dem Manuskript seines Vaters werfen wolle. Natürlich war ich neugierig, wie lange sie brauchte, um den Irrtum zu entdecken. Aber da Rosy offenbar keine Lust hatte mitzuspielen, erklärte ich ihr sofort, wo Linus sich geirrt hatte. Dabei konnte ich mich allerdings nicht enthalten, auf die oberflächliche Ähnlichkeit zwischen Paulings Dreiketten-Spirale und dem Modell hinzuweisen, das Francis und ich vor fünfzehn Monaten gezeigt hatten. Ich dachte, es würde ihr Spaß machen, daß Paulings Ableitungen hinsichtlich einer regelmäßigen Anordnung auch nicht genialer waren als unsere unbeholfenen Versuche vom vergangenen Jahr. Aber genau das Gegenteil war der Fall. Meine wiederholten Anspielungen auf spiralenförmige Strukturen ärgerten sie immer mehr. Kühl wies sie darauf hin, daß auch nicht die Spur eines Beweises Linus oder irgendeinem anderen gestatte, für die DNS eine spiralenförmige Struktur vorauszusetzen. Ich hätte mir die meisten meiner Worte sparen können, denn von dem Augenblick an, wo ich eine Spirale erwähnt hatte, wußte sie, daß Pauling im Unrecht war.

Ich unterbrach ihren Redeschwall und machte geltend, daß eine Spirale die einfachste Form für ein polymeres Molekül sei. Ich wußte, daß sie mir entgegenhalten würde, wie unwahrscheinlich eine völlig regelmäßige Basenfolge war, und brachte darum gleich das Argument vor, daß, da die DNS-Moleküle kristallisierten, die Reihenfolge der Nukleotide keinen Einfluß auf die allgemeine Struktur hätte. Von da an war Rosy kaum noch fähig, sich zu beherrschen. Mit hoher Stimme schrie sie, ich würde die Stupidität meiner Bemerkungen selbst einsehen, wenn ich aufhörte, diesen Unsinn zu reden und mir statt dessen ihre Röntgenbeweise ansähe.

Ich wußte von ihren Unterlagen mehr, als sie dachte. Vor ein paar Monaten hatte mir Maurice von ihren sogenannten Antispiralergebnissen berichtet. Da Francis mir versichert hatte, das seien reine Ablenkungsmanöver, entschloß ich mich, eine Explosion zu riskieren. Ohne weiter zu zögern, gab ich ihr zu verstehen, sie sei unfähig,

Röntgenaufnahmen zu interpretieren. Wenn sie sich entschließen könnte, ein bißchen Theorie zu lernen, würde sie verstehen, daß die angeblichen Antispiral-Kennzeichen ihrer Proben nur von den kleinen Verzerrungen herrührten, die nötig seien, um regelmäßige Spiralen in einem Kristallgitter unterzubringen.

Plötzlich kam Rosy hinter dem Laboratoriumstisch, der uns trennte, hervor und ging auf mich los. Da ich Angst hatte, sie könnte mich in ihrer Wut schlagen, grapschte ich mir Paulings Manuskript und zog mich in aller Eile in Richtung der offenen Tür zurück. Aber Maurice, der auf der Suche nach mir gerade den Kopf hereinsteckte, verhinderte meine Flucht. Während sich Rosy und Maurice über meine gebeugte Gestalt hinweg anblickten, teilte ich Maurice kleinlaut mit, mein Gespräch mit Rosy sei zu Ende und ich hätte ohnehin gerade im Teezimmer nach ihm Ausschau halten wollen. Dabei entfernte ich mich langsam, Zentimeter um Zentimeter, von meinem Standort zwischen ihnen, bis Maurice und Rosy einander direkt gegenüberstanden. Da es Maurice nicht gleich gelang, ebenfalls loszukommen, fürchtete ich einen Augenblick, er würde Rosy aus Höflichkeit zum Tee einladen. Aber Rosy erlöste Maurice von seiner Unschlüssigkeit, indem sie kehrtmachte und energisch die Tür zuschlug.

Während wir den Korridor entlanggingen, erzählte ich Maurice, daß mich sein unerwartetes Erscheinen wahrscheinlich vor einem tätlichen Angriff von Rosy gerettet hatte. Etwas zögernd bestätigte er mir, daß meine Befürchtungen nicht ganz unbegründet seien. Vor ein paar Monaten war sie auf ihn in ähnlicher Weise losgestürzt. Sie hatten eine Auseinandersetzung in seinem Büro gehabt und sich fast geprügelt. Als er flüchten wollte, hatte Rosy ihm den Weg versperrt und die Tür erst im letzten Augenblick freigegeben. Aber damals war kein Dritter in der Nähe gewesen.

Dank meiner Auseinandersetzung mit Rosy war Maurice so zugänglich wie nie zuvor. Jetzt hatte ich mit eigenen Augen die seelische Hölle gesehen, in der er zwei Jahre lang gelebt hatte, und er konnte mich nun fast als einen vertrauten Mitarbeiter betrachten und nicht nur als einen entfernten Bekannten, dem gegenüber man aus Angst vor peinlichen Mißverständnissen nicht allzu vertraulich sein durfte. Ich erfuhr zu meiner Überraschung, daß er mit Hilfe seines Assistenten Wilson in aller Ruhe einen Teil von Rosys und Goslings

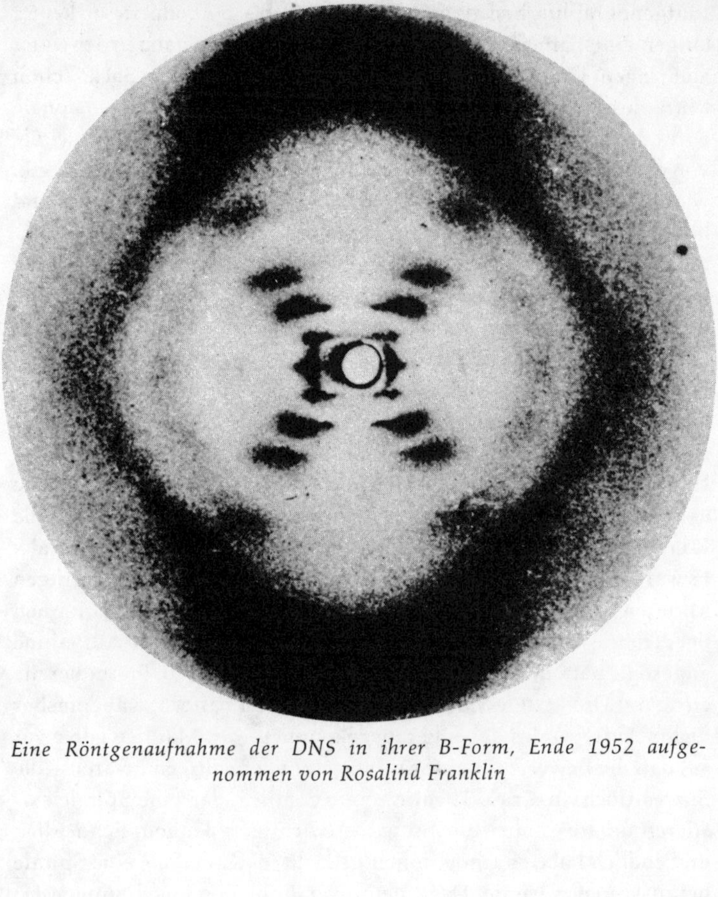

Eine Röntgenaufnahme der DNS in ihrer B-Form, Ende 1952 aufgenommen von Rosalind Franklin

röntgenographischen Arbeiten kopiert habe. So bedurfte er keiner langen Zeitspanne, um seine eigenen Forschungen ganz in Schwung zu bringen. Und dann ließ er die dickste Katze aus dem Sack: schon Mitte des letzten Sommers hatte Rosy eine neue dreidimensionale Form der DNS nachgewiesen. Sie trat auf, wenn die DNS-Moleküle von einer großen Menge Wasser umgeben waren. Und als ich fragte, wie dieses Schema aussehe, ging Maurice in den Nebenraum und holte eine Aufnahme der neuen Form, der sie den Namen «B»-Struktur gegeben hatten. In dem Augenblick, als ich das Bild sah, klappte mir der Unterkiefer herunter, und mein Puls flatterte. Das Schema war unvergleichlich viel einfacher als alle, die man bis dahin erhalten hatte («A»-Form). Darüber hinaus konnte das schwarze Kreuz von Reflexen, das sich in dem Bild deutlich abhob, nur von einer Spiralstruktur herrühren. Bei der A-Form war der Nachweis der Spiralstruktur nie eindeutig gewesen, und stets hatte eine beträchtliche Ungewißheit geherrscht, um welchen Typ spiralförmiger Symmetrie es sich handelte. Bei der B-Form jedoch zeigte schon ein Blick auf die Röntgenaufnahme mehrere der wesentlichen Parameter der Spirale. Es war durchaus denkbar, daß sich durch Berechnungen von wenigen Minuten Dauer die Anzahl der Ketten in dem Molekül bestimmen ließ. Ich fragte Maurice ein bißchen aus, was sie mit der B-Aufnahme angestellt hätten, und erfuhr, daß sein Kollege R. D. B. Fraser bereits eifrig mit Dreiketten-Modellen herumprobiert hatte, daß aber bisher nichts Aufregendes dabei herausgekommen war. Maurice gab zwar zu, daß die Beweise für eine Spirale jetzt überwältigend waren – die Stokes-Cochran-Crick-Theorie zeigte deutlich, daß eine Spirale existieren mußte –, aber für ihn gab es wichtigere Fragen. Schließlich und endlich habe er schon immer gedacht, daß am Ende eine Spirale herauskommen werde. Das eigentliche Problem sei noch immer das Fehlen einer Strukturhypothese, die gestatte, die Basen auf regelmäßige Weise auf der Innenseite der Spirale anzuordnen. Das setzte natürlich voraus, daß Rosy recht hatte, wenn sie die Basen im Zentrum und das Skelett außen haben wollte! Obwohl Maurice mir versicherte, er sei jetzt völlig von der Richtigkeit ihrer Behauptungen überzeugt, blieb ich skeptisch, denn Francis und ich konnten ihren Beweis noch immer nicht recht verstehen.

Auf dem Weg nach Soho zum Abendessen kam ich noch einmal auf das Problem Linus zurück. Ich betonte, wie grundverkehrt es sei, sich lange über Paulings Irrtum lustig zu machen. Die Situation wäre besser, wenn Pauling, statt sich lächerlich gemacht zu haben, einfach nur unrecht hätte. Bald werde er, falls er nicht längst dabei sei, Tag und Nacht daran arbeiten. Außerdem bestehe die Gefahr, daß man, wenn Maurice einen seiner Assistenten beauftrage, Röntgenaufnahmen der DNS anzufertigen, auch in Pasadena bald die B-Struktur entdecke.

Maurice wollte sich absolut nicht begeistern. Mein ewiger Refrain, die Eroberung der DNS stünde unmittelbar bevor, erinnere ihn verdächtig daran, wie Francis in einem seiner überreizten Zustände geredet habe. Jahrelang hätte Francis versucht, ihm zu erklären, worauf es ankomme, aber je leidenschaftsloser er sein Leben überdenke, um so größer werde seine Gewißheit, daß es klug gewesen sei, den eigenen Intuitionen zu folgen. Als der Kellner herüberblickte, in der Hoffnung, wir würden endlich etwas bestellen, meinte Maurice abschließend, wenn Einigkeit darüber herrschte, wohin die Wissenschaft führe, wären alle Probleme bald gelöst, und es bliebe uns nichts anderes übrig, als Ingenieure oder Ärzte zu werden.

Als das Essen auf dem Tisch stand, versuchte ich, unsere Gedanken auf die Anzahl der Ketten zu lenken, und bemerkte dazu, wir brauchten nur die Lage der innersten Reflexe an der ersten und zweiten Schichtlinie zu messen, um sofort auf die richtige Spur zu kommen. Aber in seiner langatmigen Antwort kam Maurice nie zum springenden Punkt. Ich wußte nicht, ob er sagen wollte, daß bisher niemand im King's die entsprechenden Reflexe gemessen hatte, oder ob er essen wollte, bevor alles kalt wurde. Widerwillig fing ich an zu essen und hoffte, nach dem Kaffee, wenn ich ihn nach Hause begleitete, nähere Einzelheiten aus ihm herauszubekommen. Eine Flasche Chablis verminderte jedoch meinen Wunsch nach harten Tatsachen, und als wir Soho verließen und die Oxford Street überquerten, sprach Maurice nur noch davon, daß er vorhabe, eine weniger düstere Wohnung in einem ruhigeren Viertel zu suchen.

Hinterher, in dem kalten, fast ungeheizten Zug, skizzierte ich auf den freien Rand meiner Zeitung, was mir von dem B-Schema im Gedächtnis geblieben war. Und während der Zug nach Cambridge stampfte, versuchte ich mich zwischen den Dreiketten- und den

Zweiketten-Modellen zu entscheiden. Soweit ich es beurteilen konnte, war der Grund, warum die King's-Leute von zwei Ketten nichts hielten, keineswegs unwiderlegbar. Alles hing von dem Wassergehalt der DNS-Proben ab, einem Wert, über den sie, wie sie selbst zugaben, in einem großen Irrtum sein konnten. Nachdem ich zum College geradelt und über das hintere Tor geklettert war, stand mein Entschluß fest. Ich würde Zweiketten-Modelle bauen. Francis mußte damit unbedingt einverstanden sein. Denn obwohl er Physiker war, wußte er, daß alle wichtigen biologischen Objekte paarweise auftreten.

24

Bragg war gerade in Max' Büro, als ich dort am nächsten Tag hereinkam und mit dem, was ich in London erfahren hatte, herausplatzte. Francis war noch nicht da – es war ein Sonnabendmorgen, und er lag noch zu Hause im Bett und blätterte die *Nature* durch, die mit der Morgenpost gekommen war. Ich fing sofort an, die Einzelheiten der B-Form aufzuzählen, und zeichnete eine grobe Skizze, um den Beweis vorzuführen, daß die DNS eine Spirale war, deren Muster sich alle 34 Ångström längs der Spiralachse wiederholte. Sofort unterbrach mich Bragg mit einer Frage, und ich begriff, daß mein Beweis angekommen war. Um keine Zeit zu verlieren, kam ich sofort auf das Problem Linus zu sprechen. Linus, meinte ich, sei eine viel zu große Gefahr, als daß man ihm eine zweite Chance mit der DNS ermöglichen dürfe, während die Leute auf dieser Seite des Atlantiks die Hände in den Schoß legten. Nachdem ich hinzugefügt hatte, ich ließe mir jetzt von einem Mechaniker des Cavendish Modelle von den Purinen und Pyrimidinen bauen, wartete ich schweigend, daß Braggs Überlegungen feste Formen annahmen.

Zu meiner Erleichterung erhob Sir Lawrence nicht nur keine Einwände, sondern ermutigte mich sogar, mit dem Modellbau weiterzumachen. Er hatte offenbar, was die internen Kabbeleien im King's betraf, keinerlei Mitleid – vor allem dann nicht, wenn dadurch ausgerechnet Linus die Möglichkeit gegeben wurde, wieder den heiligen Schauer zu empfinden, den die Entdeckung der Struktur eines weiteren wichtigen Moleküls mit sich brachte. Meine Arbeit am Tabakmosaikvirus war unserer Sache ebenfalls dienlich. Ich hatte bei Bragg den Eindruck erweckt, daß ich ohne fremde Hilfe auskam. So konnte er an diesem Abend ruhig einschlafen, ohne den Albdruck, daß er Crick freie Hand gelassen hatte, wieder einmal seine tolle Unbesonnenheit zu beweisen. Ich sauste sofort die Treppe zur Werkstatt hinunter und bereitete die Mechaniker darauf vor, daß ich dabei war, Modelle zu entwerfen, die innerhalb einer Woche benötigt wurden.

Kurz darauf war ich wieder in unserem Büro. Francis kam hereingeschlendert und erzählte, die Dinnerparty gestern abend bei ihnen sei ein durchschlagender Erfolg gewesen. Und Odile sei ganz entzückt von dem französischen Jungen, den meine Schwester mitgebracht habe. Vor einem Monat war Elizabeth auf dem Rückweg in die Staaten für einen Aufenthalt von unbestimmter Dauer in Cambridge angekommen. Glücklicherweise war es mir nicht nur gelungen, sie in Camille Priors Pension unterzubringen, sondern ich hatte auch eine Vereinbarung treffen können, daß ich mit Pop und ihren ausländischen Mädchen zu Abend essen durfte. Auf einen Schlag war Elizabeth vor den typischen englischen Studentenbuden gerettet, und ich hatte die beste Aussicht auf Linderung meiner Magenschmerzen.

Ebenfalls bei Pop wohnte Bertrand Fourcade, das schönste männliche Wesen und vielleicht der schönste Mensch überhaupt in Cambridge. Bertrand, der für ein paar Monate herübergekommen war, um seine englischen Sprachkenntnisse su verbessern, war sich seines ungewöhnlich guten Aussehens durchaus bewußt, und so fand er die Gesellschaft eines Mädchens, dessen Kleidung nicht in einem schokkierenden Kontrast zu seinen eigenen gutgeschnittene Anzügen stand, sehr angenehm. Als wir bei Odile erwähnten, daß wir den hübschen Ausländer kannten, war sie begeistert. Wie die meisten Frauen in Cambridge konnte sie die Augen von Bertrand nicht abwenden, wenn sie ihn die King's Parade herunterspazieren sah oder während der Pausen im Liebhabertheater den so blendend aussehenden jungen Mann im Foyer entdeckte. Elizabeth erhielt darum den Auftrag, zu erkunden, wann Bertrand einmal Zeit habe, mit uns bei den Cricks am Portugal Place zu Abend zu essen. Der Zeitpunkt, der schließlich vereinbart wurde, fiel dann aber mit meinem Besuch in London zusammen. Während ich beobachtete, wie Maurice mit peinlicher Sorgfalt seinen Teller leerte, bewunderte Odile Bertrands vollendet proportioniertes Gesicht – Bertrand sprach gerade von seinem Problem, unter den verschiedenen möglichen gesellschaftlichen Verpflichtungen, die ihn im kommenden Sommer an der Riviera erwarteten, die richtige Wahl zu treffen.

An diesem Morgen merkte Francis, daß ich mich nicht wie sonst für Frankreichs begüterte Gesellschaftskreise interessierte. Einen Augenblick fürchtete er schon, ich sei ungewöhnlich verdrießlich gestimmt. Zu erzählen, daß jetzt sogar ein ehemaliger Ornithologe das DNS-Problem lösen könne, war sicher auch nicht die richtige Art der Begrüßung für einen Freund, der noch einen leichten Kater hatte. Kaum hatte ich jedoch die Einzelheiten des B-Schemas dargelegt, wußte er, daß ich ihn nicht an der Nase herumführte. Besonders wichtig war ihm meine ausdrückliche Bemerkung, daß die Reflexion im mittleren Teil, also bei 3.4 Ångström, um sehr vieles stärker sei als alle anderen. Das konnte nur bedeuten, daß die 3.4 Ångström starken Purin- und Pyrimidinbasen im rechten Winkel zur Spiralachse übereinandergeschichtet waren. Außerdem konnten wir auf Grund elektronenmikroskopischer und röntgenographischer Befunde sicher sein, daß der Durchmesser der Spirale ungefähr 20 Ångström betrug.

Francis verwahrte sich jedoch gegen meine Behauptung, das häufige Vorkommen von Paaren in biologischen Systemen zeige uns, daß wir Zweiketten-Modelle bauen müßten. Seiner Ansicht nach kam man am besten weiter, wenn man jeden Beweis ablehnte, der nicht aus der Chemie der Nukleinsäureketten stammte. Da das uns bisher vorliegende experimentelle Material noch nichts über die Unterschiede zwischen Zwei- und Dreiketten-Modellen aussagte, wollte er beiden Alternativen die gleiche Aufmerksamkeit schenken. Ich blieb absolut skeptisch, sah aber keinen Grund, ihm zu widersprechen. Ich jedenfalls würde mit Zweiketten-Modellen beginnen.

Mehrere Tage lang wurden jedoch überhaupt keine vernünftigen Modelle gebaut. Zum einen fehlte es an den nötigen Purin- und Pyrimidinkomponenten, zum anderen hatten wir in der Werkstatt noch nie Phosphoratome zusammensetzen lassen. Unser Mechaniker brauchte mindestens drei Tage, um auch nur die einfachsten Phosphoratome zustande zu bringen. Deshalb zog ich mich nach dem Essen ins Clare College zurück und arbeitete die endgültige Fassung meines Genetikmanuskripts aus. Anschließend radelte ich zum Abendessen zu Pop und fand dort Bertrand und meine Schwester im Gespräch mit Peter Pauling. Peter hatte Pop in der vorangegangenen Woche so becirct, daß sie ihm Essensrechte zugestanden hatte. Im Gegensatz zu Peter, der klagte, Perutz und seine Frau hätten kein Recht, Nina Samstag abends am Ausgehen zu hindern, schienen Bertrand und Elizabeth sehr mit sich zufrieden zu sein. Sie kamen gerade von einer Autotour zurück, bei der sie im Rolls eines Freundes zu einem berühmten Landhaus in der Nähe von Bedford gefahren waren. Ihr Gastgeber, ein altmodischer Architekt, war vor der modernen Zivilisation nie zu Kreuze gekrochen und hatte in sein Haus weder Gas noch Licht legen lassen. Soweit es irgend möglich war, führte er das Leben eines Gutsherrn aus dem 18. Jahrhundert. Das ging so weit, daß er seinen Gästen, wenn sie mit ihm seinen Grundbesitz besichtigten, besondere Spazierstöcke zur Verfügung stellte.

Kaum war das Abendessen beendet, huschte Bertrand mit Elizabeth schon zu einer Party davon und ließ Peter und mich sitzen. Nachdem Peter zunächst beschlossen hatte, an seinem Hi-Fi-Gerät zu basteln, gingen wir zusammen ins Kino. Damit waren wir fürs erste beschäftigt, bis Peter gegen Mitternacht eine große Rede vom Stapel ließ, wie unverantwortlich Lord Rothschild als Vater handle, daß er ihn nicht zum Essen mit seiner Tochter Sarah einlade. Ich konnte nicht widersprechen – wenn Peter in die elegante Welt einzog, hatte ich vielleicht eine Chance, um eine Ehe mit einer typischen Akademikerin herumzukommen.

Drei Tage später waren die Phosphoratome fertig, und ich stellte rasch ein paar kurze Abschnitte des Zucker-Phosphat-Skeletts zusammen. Dann suchte ich anderthalb Tage lang nach einem passenden Zweiketten-Modell mit dem Skelett in der Mitte. Alle Modelle, die mit den Röntgenbefunden über die B-Form vereinbar waren, sahen jedoch nach stereochemischen Gesichtspunkten eher unbefriedigender aus als die Dreiketten-Modelle, die wir vor fünfzehn Monaten hergestellt hatten. Und da Francis mit seiner These beschäftigt war, nahm ich mir den Nachmittag frei und spielte mit Bertrand Tennis. Nach dem Tee kam ich zurück und erklärte Francis, es sei ein wahres Glück, daß ich Tennisspielen angenehmer fände als die ganze Modellbauerei. Francis, der überhaupt nicht merkte, daß draußen ein herrlicher Frühlingstag war, legte sofort seinen Bleistift hin und belehrte mich: erstens sei die DNS äußerst wichtig, und zweitens könne er mir garantieren, daß ich eines Tages den unbefriedigenden Charakter des Freiluftsports entdecken würde.

Beim Abendbrot am Portugal Place war ich schon wieder bereit, mich mit der Suche nach dem Fehler herumzuplagen. Nach wie vor beharrte ich darauf, daß wir das Skelett in der Mitte lassen sollten. Aber ich wußte, daß keine meiner Begründungen absolut stichhaltig war. Schließlich, als wir beim Kaffee saßen, gab ich zu, meine Abneigung, die Basen im Innern zu placieren, sei teilweise darauf zurückzuführen, daß es dann ja möglich wäre, eine nahezu unbegrenzte Anzahl von Modellen zu konstruieren. Damit wiederum stünden wir dann vor der unlösbaren Aufgabe, zu entscheiden, ob eines das richtige sei. Aber der eigentliche Stein des Anstoßes blieben die Basen. Solange sie außen waren, brauchten wir uns nicht um sie zu kümmern. Aber sobald wir sie nach innen verlegten, tauchte das gräßliche Problem auf, zwei oder mehrere Ketten mit unregelmäßigen Basensequenzen zusammenzupacken. Hier sah auch Francis, wie er zugeben mußte, nicht den geringsten Hoffnungsschimmer. So ließ ich, als ich aus dem Eßzimmer im Keller hinaufging und auf die Straße trat, Francis mit dem Eindruck zurück, daß er zumindest einen halbwegs plausiblen Beweis beibringen müßte, bevor ich mich mit Modellen, deren Basen in der Mitte lagen, ernsthaft beschäftigte.

Am nächsten Morgen jedoch, als ich ein besonders widerwärtiges Molekülmodell mit dem Skelett in der Mitte vor mir hatte, meinte ich, es könne ja nichts schaden, ein paar Tage auf das Basteln von Modellen mit dem Skelett auf der Außenseite zu verwenden. Das bedeutete, die Basen vorübergehend zu vernachlässigen, doch wäre mir ohnehin nichts anderes übriggeblieben, da die Werkstatt die flachen Zinkblechfiguren der Purine und Pyrimidine erst in einer Woche liefern konnte.

Ein außen gelegenes Skelett in eine mit den Röntgenbefunden vereinbare Form zu winden, war keine Schwierigkeit. Sowohl Francis als auch ich hatten den Eindruck, daß der einleuchtendste Drehungswinkel zwischen zwei benachbarten Basen bei 30 bis 40 Grad lag. Dagegen schienen doppelt so große oder halb so große Winkel nicht zu den ausschlaggebenden Winkeln der chemischen Bindungen zu passen. Also mußte, wenn sich das Skelett auf der Außenseite befand, die Wiederholung des Kristallmusters alle 34 Ångström den für eine komplette Drehung erforderlichen Abstand längs der Spiralachse darstellen. In diesem Stadium zeigte Francis wieder lebhaftes Interesse, und immer häufiger sah er jetzt von seinen Berechnungen auf, um rasch einen Blick auf das Modell zu werfen. Trotzdem hatten wir beide nicht die geringsten Bedenken, die Arbeit am Wochenende zu unterbrechen. Am Samstagabend war eine Party im Trinity College, und am Sonntagvormittag sollte Maurice zu einem schon Wochen vor der Ankunft von Paulings Manuskript verabredeten privaten Besuch kommen.

Aber es war Maurice nicht vergönnt, die DNS zu vergessen. Kaum war er vom Bahnhof angelangt, begann Francis auch schon, ihn nach näheren Einzelheiten des B-Schemas auszufragen. Als das Mittagessen beendet war, wußte Francis jedoch auch nicht mehr, als ich eine Woche zuvor herausbekommen hatte. Selbst als Peter, der dabei war, sagte, er habe das sichere Gefühl, sein Vater werde in Kürze zur Tat schreiten, ließ sich Maurice nicht zu einer Änderung seiner Pläne bewegen. Er betonte nur noch einmal, er wolle das Modellbauen noch um sechs Wochen aufschieben – bis Rosy gegangen sei. Francis nutzte die Gelegenheit, Maurice zu fragen, ob es ihm etwas ausmachte, wenn wir uns unterdessen schon ein bißchen mit DNS-Modellen beschäftigten. Als Maurice zögernd antwortete, nein, das mache ihm gar nichts aus, wurde mein Pulsschlag wieder normal. Denn selbst wenn er mit einem Ja geantwortet hätte, hätten wir weiter Modelle gebaut.

25

Im Laufe der nächsten Tage regte sich Francis jedesmal mehr auf, wenn ich unsere Molekülmodelle vorübergehend im Stich ließ. Daß ich gewöhnlich schon vor ihm im Labor war, spielte keine Rolle. Aber fast jeden Nachmittag, wenn er wußte, daß ich wieder einmal auf dem Tennisplatz war, wandte er ärgerlich den Kopf von seiner Arbeit ab und betrachtete das Polynukleotid-Skelett, das einsam und verlassen in der Ecke stand. Außerdem kreuzte ich auch nach dem Tee nur für ein paar Minuten auf, bastelte noch ein bißchen an dem Modell herum und stürzte dann zum Sherry mit den Mädchen bei Pop davon. Aber daß Francis murrte, störte mich nicht. Solange wir keine Lösung für die Basen hatten, bedeuteten weitere Verbesserungen unseres neuesten Skeletts keinen wirklichen Fortschritt.

Ich verbrachte weiterhin die meisten Abende im Kino und träumte davon, daß mir die Lösung von einem Augenblick zum andern zufiele. Manchmal jedoch wurde meiner wilden Kinoleidenschaft ein Dämpfer aufgesetzt, und zwar am schlimmsten an einem Abend, den ich für ‹*Ekstase*› opferte. Peter und ich waren beide noch zu jung gewesen, um in den Staaten die ersten Vorführungen von Hedy Lamarrs nacktem Gehopse zu sehen, und so holten wir an dem langersehnten Abend Elizabeth ab und gingen ins Rex. Aber die einzige Badeszene, die der englische Zensor nicht beschnitten hatte, war ein Spiegelbild in einem Teich. Der Film war noch nicht zur Hälfte abgelaufen, da stimmten wir auch jedesmal in das heftige Buhen der verärgerten Studenten ein, wenn die synchronisierten Stimmen Worte von unkontrollierter Leidenschaft von sich gaben.

Selbst bei guten Filmen fand ich es fast unmöglich, die Basen zu vergessen. Irgendwo in meinem Gehirn war mir ständig gegenwärtig, daß wir doch zumindest eine stereochemisch vernünftige Anordnung für das Skelett gefunden hatten. Es war auch nicht mehr zu befürchten, daß sich diese Anordnung als unvereinbar mit den experimentellen Befunden erwies. Rosys präzise Messungen hatten das mittlerweile bewiesen. Natürlich hatte uns Rosy ihre Ergebnisse nicht direkt mitgeteilt. Übrigens wußte niemand im King's, daß sie in unserer Hand waren. Wir waren an sie herangekommen, weil Max einem Komitee angehörte, das der Medical Research Council gegründet hatte, um die bio-physikalische Forschungstätigkeit der ihm angehörenden Laboratorien zu koordinieren. Und da Randall dem Komitee zeigen wollte, daß er ein produktives Forschungsteam hatte, forderte er seine Leute auf, einen allgemeinen Überblick über ihre Leistungen zu geben. Dieses Resümee wurde vervielfältigt und routinemäßig an alle Komiteemitglieder geschickt. Der Bericht war nicht vertraulich, und so sah Max keinen Grund, ihn Francis und mir nicht zum Lesen zu geben. Francis überflog die Texte und stellte erleichtert fest, daß ich ihm nach meinem Besuch im King's College die wesentlichen Züge des B-Schemas korrekt beschrieben hatte. So mußten wir an der Skelettanordnung unseres Modells nur geringfügige Abänderungen vornehmen.

Meistens kam ich erst spät am Abend, nach der Rückkehr in meine Räume, dazu, mir über das Geheimnis der Basen den Kopf zu zerbrechen. Ihre Formeln standen in J. N. Davidsons Büchlein ‹*The Biochemistry of Nucleic Acids*›*. Ich hatte ein Exemplar im Clare behalten und konnte darum sicher sein, daß die Strukturen richtig waren, als ich meine kleinen Bildchen der Basen auf Briefbogen vom Cavendish zeichnete. Meine Absicht war, die in der Mitte gelegenen Basen irgendwie derart anzuordnen, daß das Skelett an der Außenseite völlig regelmäßig war. Ich mußte also den Zucker-Phosphat-Gruppen jedes Nukleotids immer die gleiche dreidimensionale Gestalt geben. Aber jedesmal, wenn ich eine Lösung entdeckt zu haben glaubte, stieß ich auf dasselbe Hindernis: jede der vier Basen hatte eine andere Form. Außerdem sprachen mehrere Gründe dafür, daß die Reihenfolge der Basen in einer gegebenen Polynukleotidkette sehr unregelmäßig war. Wenn es nicht irgendeinen besonderen Trick gab, mußten die vom Zufall abhängigen Versuche, zwei Polynukleotidketten umeinander zu winden, zu einem völligen Schlamassel führen: an manchen Stellen würden die größeren Basen sich gegenseitig berühren, während an anderen Stellen, wo kleinere Basen einander gegenüberlagen, Lücken existieren oder die Skelett-Teile sich verbiegen mußten.

Und dann war da das ärgerliche Problem, wie die verschlungenen

* Die Biochemie der Nukleinsäuren.

Ketten durch Wasserstoffbindungen zwischen den Basen zusammengehalten werden konnten. Zwar hatten Francis und ich über ein Jahr lang die Möglichkeit, daß die Basen regelmäßige Wasserstoffbindungen bildeten, ausgeschlossen. Aber mir war jetzt klar, daß das nicht richtig gewesen war. Die Beobachtung, daß in jeder Base ein oder mehrere Wasserstoffatome ihre Lage wechseln konnten (ein tautomerer Austausch), hatte uns ursprünglich zu dem Schluß geführt, daß alle möglichen tautomeren Formen einer gegebenen Base in gleicher Häufigkeit auftreten mußten. Aber seit ich kürzlich noch einmal J. M. Gullands und D. O. Jordans Artikel über den Säuren- und Basen-Gehalt der DNS gelesen hatte, erkannte ich die Gültigkeit ihrer Schlußfolgerung an, daß nämlich ein großer Teil der Basen, vielleicht sogar alle, mit anderen Basen Wasserstoffbindungen eingingen. Wichtiger noch war, daß diese Wasserstoffbindungen sich bei sehr niedrigen DNS- Konzentrationen fanden, was deutlich darauf hinwies, daß diese Bindungen die Basen in demselben Molekül vereinigten. Hierzu kam noch der kristallographische Röntgenbefund, demzufolge jede der bisher untersuchten reinen Basen so viele unregelmäßige Wasserstoffbindungen bildete, wie stereochemisch möglich waren. Der Kern der Sache war darum vermutlich ein Gesetz, das die Wasserstoffbindung zwischen Basen regelte.

Mein mechanisches Hinzeichnen von Basen führte zunächst zu nichts, einerlei, ob ich vorher im Kino gewesen war oder nicht. Selbst die Notwendigkeit, ‹*Ekstase*› in meinem Gedächtnis auszulöschen, verhalf mir zu keinen annehmbaren Wasserstoffbindungen, und ich schlief mit der Hoffnung ein, daß es bei der Studentenparty, die am folgenden Nachmittag stattfinden sollte, von hübschen Mädchen wimmeln würde. Meine Hoffnungen wurden jedoch rasch zunichte. Gleich bei meiner Ankunft erblickte ich eine Gruppe kräftig aussehender Hockeyspieler und ein paar blasse Debütantinnen. Auch Bertrand stellte sofort fest, daß er hier nicht gefragt war, und während wir, bevor wir die Flucht ergriffen, höflichkeitshalber ein kurzes Intermezzo gaben, erzählte ich ihm, daß ich mit Peters Vater ein Wettrennen um den Nobelpreis machte.

Doch erst Mitte der folgenden Woche tauchte eine jedenfalls nicht ganz triviale Idee auf. Sie kam mir, während ich die verschmolzenen Ringe des Adenins zeichnete. Plötzlich erkannte ich die möglicher-

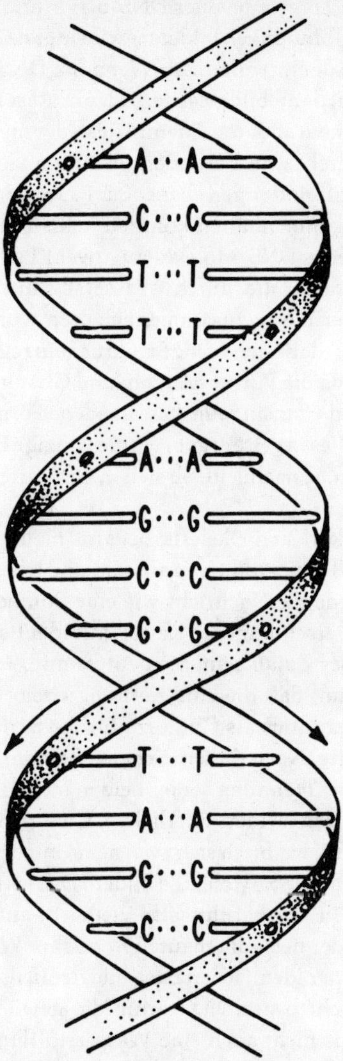

Schematische Darstellung eines DNS-Moleküls, dessen Basenpaare nach dem Gleiches-mit-Gleichem-Prinzip angeordnet sind

weise ungeheure Tragweite einer DNS-Struktur, in der die Adenin-Reste Wasserstoffbindungen bildeten, wie sie ganz ähnlich in Kristallen von reinem Adenin vorkamen. Wenn die DNS tatsächlich diese Eigenschaft hatte, dann bildete jeder Adenin-Rest zwei Wasserstoffbindungen mit einem anderen Adenin-Rest, der im Verhältnis zu ihm um 180 Grad gedreht war. Besonders wichtig war, daß zwei symmetrische Wasserstoffbindungen ebensogut Paare von Guanin, Cytosin oder Thymin zusammenhalten konnten. Ich stellte mir deshalb die Frage, ob nicht jedes DNS-Molekül aus zwei Ketten mit identischen Basenfolgen bestand, die durch Wasserstoffbindungen zwischen Paaren identischer Basen zusammengehalten wurden. Die Schwierigkeit jedoch war, daß eine solche Struktur kein regelmäßiges Skelett besitzen konnte, da die Purine (Adenin und Guanin) und die Pyrimidine (Thymin und Cytosin) eine verschiedene Form haben. Das Skelett, das sich auf diese Weise ergab, würde winzige Ein- und Ausbuchtungen aufweisen, je nachdem, ob sich in der Mitte Purine oder Pyrimidine befanden.

Trotz des verkorksten Skeletts begann mein Puls schneller zu gehen. Wenn die DNS wirklich so aussah, und ich meine Entdeckung bekanntgab, würde die Nachricht wie eine Bombe einschlagen. Die Existenz zweier verschlungener Ketten mit identischen Basenfolgen konnte kein bloßer Zufall sein. Sie deutete mit großer Wahrscheinlichkeit darauf hin, daß die eine Kette in jedem Molekül während eines früheren Stadiums als Gußform für die Synthese der anderen Kette gedient hatte. Nach diesem Schema beginnt die Reproduktion eines Gens mit der Trennung seiner beiden identischen Ketten. Darauf werden mit den beiden elterlichen Gußformen zwei Tochter-Stränge hergestellt, wodurch sich zwei neue, mit dem ursprünglichen Molekül identische DNS-Moleküle bilden. Der wesentliche Trick der Reproduktion der Gene beruhte also vielleicht auf dem Erfordernis, daß jede Base in der neu aufgebauten Kette ihre Wasserstoffbindungen immer mit einer identischen Base bildete. In dieser Nacht konnte ich allerdings nicht begreifen, warum die gewöhnliche tautomere Form des Guanins nicht auch eine Wasserstoffbindung mit Adenin eingehen sollte. Ebenso konnten natürlich auch noch mehrere andere Paarungsirrtümer vorkommen. Aber da kein Grund bestand, die Beteiligung irgendwelcher spezifischer Enzyme auszuschließen, sah

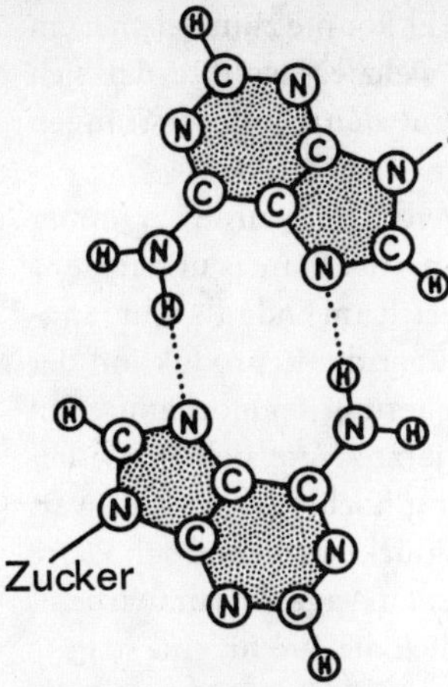

Adenin mit Adenin

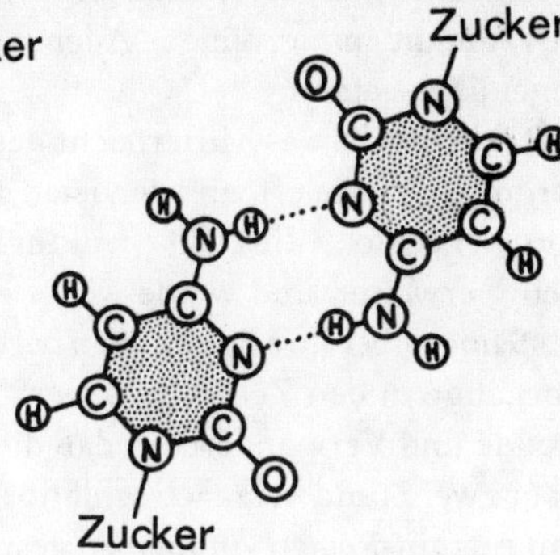

Cytosin mit Cytosin

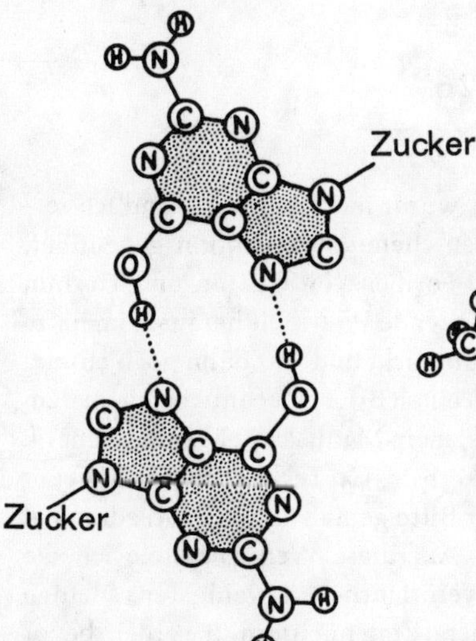

Guanin mit Guanin

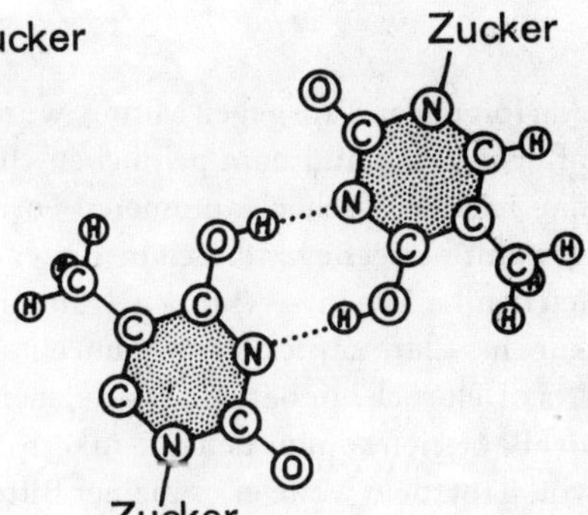

Thymin mit Thymin

Die vier Basenpaare, die zur Konstruktion der Gleiches-mit-Gleichem-Struktur verwendet wurden (die Wasserstoffbindungen sind punktiert)

ich keinen Anlaß zu übermäßigen Sorgen. Es konnte zum Beispiel ein spezifisches Enzym für das Adenin geben, welches bewirkte, daß sich das Adenin immer einem Adenin-Rest auf den Gußformsträngen gegenüber befand.

Bald nachdem es Mitternacht geschlagen hatte, wurde ich immer vergnügter. Wie oft, an wie vielen Tagen hatten Francis und ich uns Sorgen gemacht, die DNS-Struktur könne sich am Ende als sehr langweilig erweisen und werde weder etwas über die Reproduktion der DNS noch über ihre Funktionen bei der Steuerung der biochemischen Vorgänge in den Zellen aussagen. Doch jetzt zeigte sich zu meiner Freude und Verwunderung, daß die Lösung höchst interessant war. Über zwei Stunden lag ich schlaflos, aber glücklich da und sah Paare von Adenin-Resten vor meinen geschlossenen Augen herumwirbeln. Nur für kurze Augenblicke durchzuckte mich die Furcht, eine so gute Idee könne falsch sein.

26

Am folgenden Tag, gegen Mittag, wurde mein Schema gründlich zerpflückt. Ich stand dem peinlichen chemischen Faktum gegenüber, daß ich die falschen tautomeren Formen von Guanin und Thymin gewählt hatte. Bevor diese umstürzende Wahrheit herauskam, hatte ich in aller Eile im «Whim» gefrühstückt und war dann noch einmal kurz ins Clare zurückgekehrt, um einen Brief zu beantworten, in dem Max Delbrück mir berichtet hatte, mein Manuskript über die Genetik der Bakterien komme den Genetikern des Cal Tech nicht ganz geheuer vor. Trotzdem wolle er es meiner Bitte gemäß an die Proceedings of the National Academy senden. Auf diese Weise beginge ich die Dummheit, eine alberne Idee zu veröffentlichen, wenigstens solange ich noch jung sei und hätte genügend Zeit, nüchtern zu werden, bevor ich mir meine Karriere endgültig durch Leichtsinn verdarb.

Zuerst hatte diese Nachricht die gewünschte beunruhigende Wirkung gehabt. Aber jetzt, beflügelt von dem Gedanken, daß ich möglicherweise die sich selbst verdoppelnde Struktur entdeckt hatte, gewann ich das Vertrauen wieder, daß ich wußte, wie die Bakterien sich paarten. Und ich konnte mich nicht enthalten, meinem Brief den Satz hinzuzufügen, ich hätte mir gerade eine schöne, von der Paulingschen völlig abweichende DNS-Struktur ausgedacht. Ein paar Sekunden lang überlegte ich, ob ich noch ein paar Einzelheiten über das, was ich vorhatte, berichten sollte, aber da ich in Eile war, verzichtete ich darauf, warf den Brief rasch in den Briefkasten und eilte ins Labor.

Der Brief war noch keine Stunde auf der Post, da wußte ich bereits, daß meine Idee Unsinn war. Denn kaum war ich im Büro und begann mit der Erklärung meines Schemas, protestierte der amerikanische Kristallograph Jerry Donohue und erklärte, meine Idee funktioniere nicht. Die tautomeren Formen, die ich aus Davidsons Buch abgeschrieben hatte, waren nach Jerrys Ansicht falsch angegeben. Meine Erwiderung, auch in anderen Texten fände man Guanin und Thymin in der Enol-Form dargestellt, machte keinen Eindruck auf Jerry. Hochbeglückt setzte er mir auseinander, daß die organische Chemie seit Jahren bestimmten tautomeren Formen willkürlich vor anderen den Vorzug gegeben habe, und dies auf Grund von mehr als fadenscheinigen Beweisen. In Wirklichkeit wimmele es in den chemischen Lehrbüchern nur so von höchst unwahrscheinlichen tautomeren Formen. Das Guanin-Schema, das ich ihm da an den Kopf geworfen hätte, sei fast mit Sicherheit Humbug. Sein ganzes intuitives Wissen sage ihm, daß das Guanin in der Keto-Form auftreten müsse. Und ebenso sicher sei er, daß man auch dem Thymin zu Unrecht eine Enol-Form zugeschrieben habe. Auch hier sei er ganz ausgesprochen für die Keto-Alternative.

Jerry gab mir jedoch keine stichhaltige Begründung, warum er die Keto-Formen bevorzugte. Er räumte ein, daß man diese Frage bisher nur für eine einzige Kristallstruktur entschieden hatte. Das war das Diketo-piperazin, dessen dreidimensionale Konfiguration vor ein paar Jahren in Paulings Labor sorgfältig herausgearbeitet worden war. Hier bestand kein Zweifel, daß es sich um die Keto-Form und nicht um die Enol-Form handelte. Außerdem war er sicher, daß die quantenmechanischen Beweise, die zeigten, warum das Diketo-piperazin die Keto-Form hatte, auch für Guanin und Thymin galten. Er warnte mich eindringlich, nicht noch mehr Zeit mit meinem haltlosen Schema zu vergeuden.

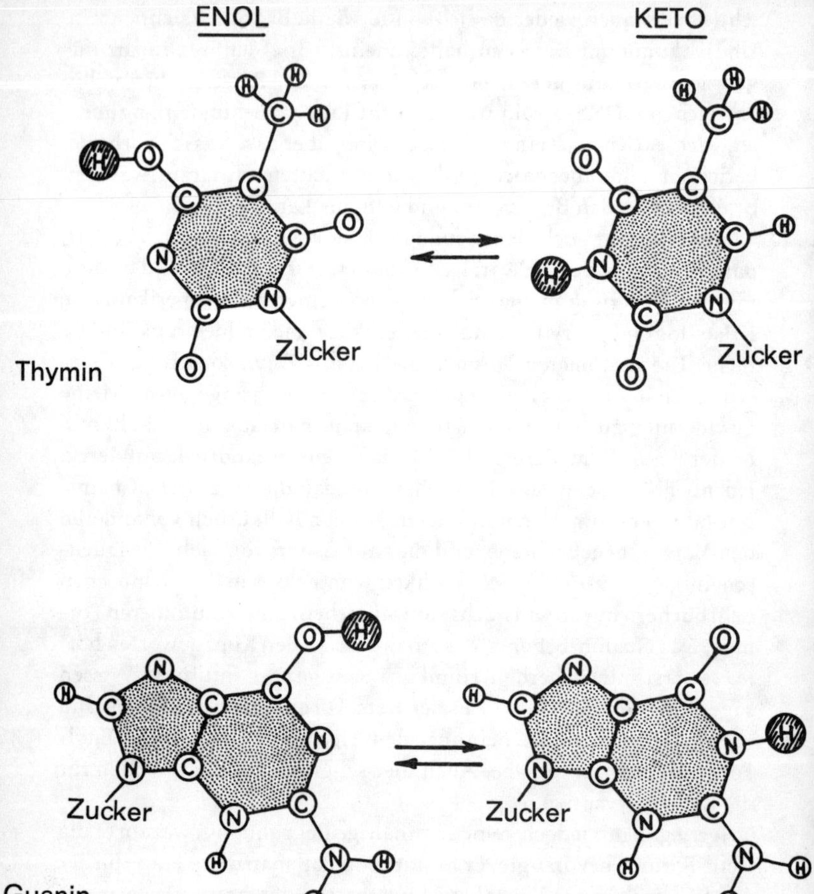

Entgegengesetzte tautomere Formen von Guanin und Thymin, die in der DNS auftreten können. Die Wasserstoffatome, deren Lage sich ändern kann (tautomere Verschiebung) sind punktiert

Obwohl meine erste Reaktion darin bestand, daß ich hoffte, Jerry rede Unsinn, vernachlässigte ich seine Kritik keineswegs. Außer Linus selbst wußte Jerry mehr von Wasserstoffbindungen als irgend jemand sonst auf der Welt. Er hatte viele Jahre im Cal Tech über die Kristallstrukturen der kleinen organischen Moleküle gearbeitet. Ich konnte mir also nicht einfach einreden, daß er unser Problen nicht richtig kapiert hatte. In den sechs Monaten, die er nun schon in unserem Büro hockte, hatte er nie über Dinge gequasselt, von denen er nichts verstand.

Tief bekümmert setzte ich mich wieder an meinen Schreibtisch. Ich hoffte, auf irgendeinen Dreh zu kommen, der die Gleiches-mit-Gleichem-Theorie rettete. Aber augenscheinlich gaben die neuen Formeln ihr den Todesstreich. Wenn man die Wasserstoffatome an ihre Keto-Stellen versetzte, wurden die Größenunterschiede zwischen den Purinen und den Pyrimidinen sogar noch größer, als sie es sein würden, wenn die Enol-Formen existierten. Nur mit Hilfe von ganz ausgefallenen Argumenten konnte ich mir vorstellen, daß sich das Polynukleotidskelett genügend biegen ließ, um unregelmäßigen Basenfolgen zu entsprechen. Aber auch diese Möglichkeit schwand dahin, als Francis hereinkam. Er stellte sofort fest, daß sich unter der Voraussetzung einer Gleiches-mit-Gleichem-Struktur nur dann alle 34 Ångström eine Wiederholung im Kristallverband ergab, wenn jede der beiden Ketten alle 68 Ångström eine vollständige Drehung um sich selbst vollzog. Aber das bedeutete, daß der Drehungswinkel zwischen zwei aufeinanderfolgenden Basen nur 18 Grad betragen konnte, ein Wert, den, wie Francis meinte, seine letzten Spielereien mit den Modellen absolut ausschlossen. Francis gefiel auch nicht, daß diese Struktur keine Erklärung für Chargaffs Regeln (Adenin gleich Thymin und Guanin gleich Cytosin) gab. Ich erhielt jedoch meinen lauwarmen Einwand gegen Chargaffs Ergebnisse weiter aufrecht. So war ich froh, als es Mittag wurde und Francis mit seinem munteren Geplauder meine Gedanken für ein Weilchen auf das Problem lenkte, warum die Studenten bei den *au pair*-Mädchen keinen Erfolg haben konnten.

Nach dem Essen war ich gar nicht darauf versessen, wieder an meine Arbeit zu gehen. Ich fürchtete, daß mich der Versuch, die Keto-Formen in irgendein neues Schema einzufügen, in eine Sackgasse führte. Ich mußte mich wohl oder übel damit abfinden, daß überhaupt kein regelmäßiges Schema der Wasserstoffbindungen mit den Röntgenbefunden vereinbar war. Solange ich im Freien blieb und auf die Krokusse starrte, hatte ich jedenfalls noch die Hoffnung, daß mir irgendein hübsches Arrangement für die Basen zufliegen würde. Glücklicherweise stellte sich, als ich die Treppe hinaufging, heraus, daß ich einen Vorwand hatte, den entscheidenden Schritt beim Modellbau zumindest noch um ein paar Stunden hinauszuzögern. Die metallenen Purin- und Pyrimidinmodelle, die ich brauchte, um alle denkbaren Möglichkeiten für die Wasserstoffbindung systematisch zu prüfen, waren nicht rechtzeitig fertig geworden. Es würde noch gut zwei Tage dauern, bis wir sie in der Hand hatten. So lange mochte selbst ich nicht im Ungewissen schweben. Also verbrachte ich den Rest des Nachmittags damit, aus dicker Pappe genaue Modelle der Basen auszuschneiden. Aber als sie fertig waren, fiel mir ein, daß ich die Antwort doch erst am nächsten Tag suchen konnte. Nach dem Abendessen war ich nämlich mit ein paar Mädchen aus Pops Pension im Theater verabredet.

Als ich am nächsten Morgen als erster in unser Büro kam, räumte ich schnell alle Papiere vom Schreibtisch, damit ich eine genügend große ebene Fläche hatte, um durch Wasserstoffbindungen zusammengehaltene Basenpaare zu bilden. Zu Anfang kam ich wieder auf meine alte Voreingenommenheit für die Gleiches-mit-Gleichem-Theorie zurück, aber bald sah ich, daß sie zu nichts führte. Als Jerry kam, blickte ich auf, sah, daß es nicht Francis war, und begann die Basen hin und her zu schieben und jeweils auf eine andere, ebenfalls mögliche Weise paarweise anzuordnen. Plötzlich merkte ich, daß ein durch zwei Wasserstoffbindungen zusammengehaltenes Adenin-Thymin-Paar dieselbe Gestalt hatte wie ein Guanin-Cytosin-Paar, das durch wenigstens zwei Wasserstoffbindungen zusammengehalten wurde. Alle diese Wasserstoffbindungen schienen sich ganz natürlich zu bilden. Es waren keine Schwindeleien nötig, um diese zwei Typen von Basenpaaren in eine identische Form zu bringen. Ich rief Jerry und fragte ihn, ob er diesmal etwas gegen meine neuen Basenpaare einzuwenden habe.

Und als er das verneinte, schoß meine Moral hoch wie eine Rakete. Ich hatte das Gefühl, daß wir jetzt das Rätsel gelöst hatten, warum die

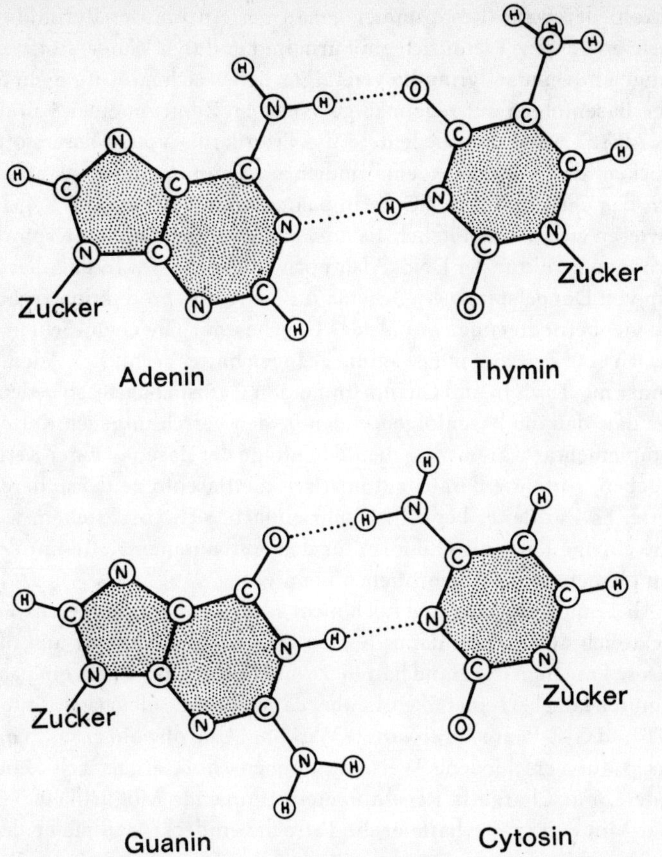

Die zur Konstruktion der Doppel-Helix benutzten Adenin-Thymin- und Guanin-Cytosin-Basenpaare (Wasserstoffbindungen punktiert). Die Bildung einer dritten Wasserstoffbindung zwischen Guanin und Cytosin wurde in Erwägung gezogen. Man kam jedoch davon ab, da eine kristallographische Untersuchung des Guanins darauf hindeutete, daß diese Bindung sehr schwach sein würde. Man weiß jetzt, daß diese Annahme nicht stimmt. Zwischen Guanin und Cytosin können drei starke Wasserstoffbindungen gezeichnet werden.

Anzahl der Purin-Reste immer genau der Anzahl der Pyrimidin-Reste entsprach. Wenn sich ein Purin immer durch Wasserstoffbindungen mit einem Pyrimidin vereinigte, ließen sich zwei unregelmäßige Basenfolgen auf regelmäßige Weise im Zentrum einer Spirale anordnen. Außerdem bedeutete die Erfordernis von Wasserstoffbrücken, daß sich das Adenin immer mit Thymin paarte, während sich das Guanin nur mit Cytosin paaren konnte. Chargaffs Regeln erwiesen sich dann plötzlich als notwendige Folge der doppelspiralförmigen Struktur der DNS. Aber noch aufregender war, daß dieser Typ von Doppelspirale ein Schema für die Autoreproduktion ergab, das viel befriedigender war als das Gleiches-mit-Gleichem-Schema, das ich eine Zeitlang in Erwägung gezogen hatte. Wenn sich Adenin immer mit Thymin und Guanin immer mit Cytosin paarte, so bedeutete das, daß die Basenfolgen in den beiden verschlungenen Ketten komplementär waren. War die Reihenfolge der Basen in einer Kette gegeben, so folgte daraus automatisch die Basenfolge der anderen Kette. Es war daher begrifflich sehr einfach, sich vorzustellen, wie eine einzige Kette als Gußform für den Aufbau einer Kette mit der komplementären Sequenz dienen konnte.

Als Francis erschien und noch nicht einmal ganz im Zimmer war, rückte ich auch schon damit heraus, daß wir die Antwort auf alle unsere Fragen in der Hand hatten. Zwar blieb er aus Prinzip ein paar Minuten lang bei seiner Skepsis, aber dann taten die gleich geformten A-T und G-C-Paare die erwartete Wirkung. Und obwohl er rasch die Basen auf verschiedene Weise zusammenschob, ergab sich keine andere, mit Chargaffs Regeln übereinstimmende Möglichkeit. Ein paar Minuten später hatte er die Tatsache entdeckt, daß die beiden (Base und Zucker vereinenden) Glykosidbindungen eines jeden Basenpaars stets durch eine Doppelachse verbunden waren, die mit der Spiralachse einen rechten Winkel bildete. So konnten beide Paare ausgewechselt werden, ohne daß ihre Glykosidbindungen deshalb aufhörten, in die gleiche Richtung zu weisen. Das hatte die wichtige Folge, daß eine Kette ebensogut Purine wie Pyrimidine enthalten konnte. Zugleich ließ es ziemlich sicher darauf schließen, daß die Skelette der beiden Ketten in entgegengesetzter Richtung verliefen.

Es stellte sich nun die Frage, ob sich solche A-T- und G-C-Basenpaare leicht in die Skelettform einfügen ließen, die wir im Laufe der vergangenen zwei Wochen entworfen hatten. Auf den ersten Blick schien es zu klappen, denn ich hatte in der Mitte einen großen Raum für die Basen frei gelassen. Wir wußten jedoch beide, daß wir nicht am Ziel waren, bevor wir nicht ein vollständiges Modell gebaut hatten, in dem alle stereochemischen Kontakte einwandfrei waren. Und es lag auf der Hand, daß die Folgerungen, die sich daraus ableiten ließen, viel zu wichtig waren, als daß man es riskieren konnte, blinden Alarm zu schlagen, So war mir nicht recht wohl, als Francis zum Mittagessen in den «Eagle» hinüberflatterte und allen, die in Hörweite waren, verkündete, wir hätten das Geheimnis des Lebens entdeckt.

27

Bald beschäftigte sich Francis von morgens bis abends mit der DNS. Am ersten Nachmittag nach der Entdeckung, daß die A-T-Paare und die G-C-Paare die gleiche Form hatten, kehrte er zu den Messungen für seine Dissertation zurück, aber alle seine Bemühungen waren fruchtlos. Ständig sprang er von seinem Stuhl auf, schaute bekümmert auf die Pappmodelle, spielte andere Kombinationsmöglichkeiten durch, und wenn dann der Augenblick vorübergehender Unsicherheit überstanden war, strahlte er zufrieden und erzählte mir, wie bedeutend unser Werk sei. Ich freute mich über seine Worte, obwohl sie den Sinn für Understatement vermissen ließen, der in Cambridge bekanntlich zum guten Ton gehört. Wir konnten es kaum glauben, daß das Problem der DNS-Struktur nun gelöst war, daß diese Lösung wahnsinnig aufregend war und daß unsere Namen mit der Doppel-Helix verknüpft sein würden wie Paulings Name mit der Alpha-Spirale.

Als der «Eagle» um sechs aufmachte, ging ich mit Francis hinüber und besprach mit ihm, was in den nächsten Tagen zu tun war. Francis wollte keine Zeit verlieren und sofort ausprobieren, ob sich ein befriedigendes dreidimensionales Modell bauen ließ. Die Genetiker und die Biochemiker, die sich mit den Nukleinsäuren befaßten, durften ihre Zeit und ihre Kräfte nicht länger als unbedingt notwendig vergeuden.

Man mußte ihnen die Lösung rasch mitteilen, so daß sie ihre Forschungen auf Grund unserer Arbeit neu orientieren konnten. Obwohl mir ebenso daran lag, das vollständige Modell zu bauen, dachte ich noch mehr an Linus und an die Möglichkeit, daß er auf die Basenpaare stieß, ehe wir ihm unsere Lösung mitgeteilt hatten.

An jenem Abend aber ließ sich die Doppel-Helix noch nicht einwandfrei nachweisen. Bevor die Metallbasen zur Hand waren, konnten wir nur schlampige Modelle bauen, die keinen Menschen überzeugten. Ich ging zu Pops Pension hinüber und erzählte Elizabeth und Bertrand, daß wir wahrscheinlich Pauling endgültig geschlagen hatten und daß unsere Lösung die ganze Biologie revolutionieren werde. Beide freuten sich ehrlich, Elizabeth mit schwesterlichem Stolz, Bertrand bei dem Gedanken, daß er nun in internationalen Kreisen erzählen konnte, er habe einen Freund, der den Nobelpreis bekommen werde. Peters Reaktion war ebenso enthusiastisch, und nichts wies darauf hin, daß er die Möglichkeit einer ersten ernsthaften wissenschaftlichen Niederlage seines Vaters bedauerte.

Am nächsten Morgen fühlte ich mich beim Aufwachen herrlich wohl. Auf meinem Weg zum «Whim» spazierte ich langsam auf die Clare Bridge zu und blickte hinauf zu den gotischen Spitztürmchen der Kapelle des King's College, die sich scharf vom Frühlingshimmel abhoben. Dann blieb ich einen Augenblick stehen und sah hinüber zu den vollendeten georgianischen Linien des kürzlich gereinigten Gibbs Building. Ich mußte daran denken, daß wir einen großen Teil unseres Erfolgs den langen, ereignislosen Perioden zu verdanken hatten, wo wir zwischen den Colleges herumschlenderten oder in Heffer's Bookstore unauffällig die neuerschienenen Bücher lasen. Nachdem ich in aller Ruhe die *Times* studiert hatte, wanderte ich ins Labor. Francis war schon da, zweifellos sehr früh für seine Begriffe, und schnippte die Basenpaare aus Pappe um eine imaginäre Achse. Soweit er mit Lineal und Zirkel feststellen konnte, paßten beide Sätze von Basenpaaren sehr hübsch in das Schema unseres Skeletts hinein. Im Laufe des Vormittags kamen nacheinander Max und John herein und erkundigten sich, ob wir noch immer glaubten, wir hätten es geschafft. Francis hielt jedem der beiden einen ebenso kurzen wie bündigen Vortrag. Beim zweitenmal ging ich hinunter in die Werkstatt, um zu sehen, ob sich die Herstellung der Purin- und Pyrimidinmodelle etwas beschleunigen ließ, damit wir sie schon nachmittags hätten.

Es bedurfte nur einer kleinen Ermunterung, und ein paar Stunden später bekamen wir das noch fehlende Material. Mit Hilfe der glänzenden Metallplättchen bauten wir sofort ein Modell, das zum erstenmal sämtliche Komponenten der DNS enthielt. Nach ungefähr einer Stunde hatte ich die Atome an die Stellen gesetzt, die sowohl den Röntgenbefunden als auch den Gesetzen der Stereochemie entsprachen. Die Spirale, die sich daraus ergab, war rechtsläufig, und die beiden Ketten verliefen in entgegengesetzter Richtung. Mit einem Modell kann immer nur eine Person richtig spielen, deshalb machte Francis auch keinen Versuch, mein Werk zu prüfen, bis ich selbst zurücktrat und sagte, meiner Meinung nach stimme nun alles. Eine der Verbindungen zwischen den Atomen war zwar ein klein wenig kürzer als der optimale Wert, lag damit aber durchaus noch innerhalb der Grenzen der in der Literatur angegebenen Werte, so daß ich nicht weiter beunruhigt war. Francis bastelte noch ein Viertelstündchen herum, ohne einen Fehler zu finden; doch wenn ich ihn zwischendurch nur einmal die Stirn runzeln sah, wurde mir ganz schlecht im Magen. Aber jedesmal schien er am Ende zufrieden und prüfte dann, ob der nächste Kontakt in Ordnung war. So sah alles sehr gut aus, als wir uns zum Abendessen bei Odile auf den Weg machten.

Bei Tisch drehte sich unser Gespräch darum, wie wir die große Neuigkeit verkünden wollten. Maurice vor allem mußte sofort benachrichtigt werden. Aber angesichts unseres Fiaskos vor sechs Monaten war es vernünftig, die King's-Leute so lange im dunkeln zu lassen, bis wir die genauen Koordinaten für alle Atome beisammen hatten. Denn nichts war einfacher, als eine geeignete Reihe von Atomkontakten so zusammenzubasteln, daß jeder einzelne fast akzeptabel aussah, während das Ganze von der Energetik her unmöglich war. Wir hatten nicht das Gefühl, daß wir diesen Fehler gemacht hatten, aber es ließ sich nicht ganz ausschließen, daß unser Urteil durch die beträchtlichen biologischen Vorteile unserer komplementären DNS-Moleküle etwas beeinflußt worden war. So mußten wir die folgenden Tage mit Lot und Metermaß verbringen, um die relative Lage aller Atome in einem einzelnen Nukleotid zu ermitteln. Auf Grund der Spiralsymmetrie ergab sich aus der Lage der Atome in

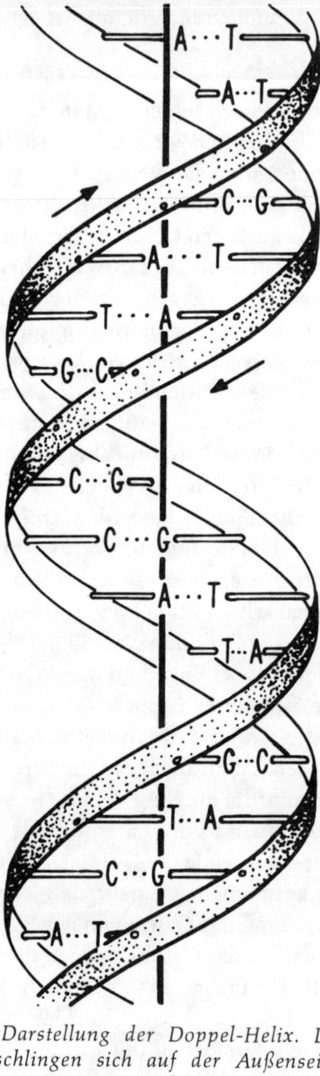

Eine schematische Darstellung der Doppel-Helix. Die beiden Zucker-Phosphat-Skelette schlingen sich auf der Außenseite um die flachen wasserstoffgebundenen Basenpaare, die den Kern bilden. So betrachtet gleicht die Struktur einer Wendeltreppe, deren Stufen durch die Basenpaare gebildet werden.

einem Nukleotid automatisch die aller anderen.

Nach dem Kaffee wollte Odile wissen, ob Francis und sie noch immer ins Exil nach Brooklyn müßten, falls unsere Leistung so sensationell war, wie ihr alle Leute erzählten. Sie meinte, vielleicht könnten wir doch alle in Cambridge bleiben und versuchen, andere, ebenso wichtige Probleme zu lösen. Ich versuchte sie zu beruhigen und betonte, daß sich nicht alle amerikanischen Männer die Haare ratzekahl abschneiden ließen und daß es eine ganze Menge Frauen gebe, die auf der Straße keine weißen Söckchen trügen. Weniger Erfolg hatte ich mit dem Argument, das Schönste in den Vereinigten Staaten seien die weiten, unbewohnten Gebiete, wo kein Mensch hingehe. Für Odile war die Aussicht, längere Zeit ohne schick angezogene Leute zu leben, ausgesprochen entsetzlich. Außerdem konnte sie nicht glauben, daß ich es ernst meinte, denn ich hatte mir gerade beim Schneider einen gutsitzenden Blazer machen lassen, der mit den Säcken, die sich die Amerikaner um ihre Schultern hängen, nichts zu tun hatte.

Am nächsten Morgen war Francis wieder vor mir im Labor und schon dabei, das Modell so an den Stützen zu befestigen, daß er die Atomkoordinaten ablesen konnte. Während er die Atome hin und her schob, saß ich auf meinem Schreibtisch und entwarf in Gedanken die Briefe, die ich nun bald schreiben konnte, um anderen zu sagen, daß wir etwas Interessantes entdeckt hatten. Hin und wieder schien Francis verärgert – immer dann, wenn mich meine Träumereien nicht rechtzeitig sehen ließen, daß er meine Hilfe brauchte, damit das Modell nicht, während er die Stützen zurechtrückte, in sich zusammenfiel.

Wir wußten nun, daß all mein früheres Gerede über die Wichtigkeit der Mg^{++}-Ionen auf einem Irrtum beruhte. Höchstwahrscheinlich hatten Maurice und Rosy recht gehabt, als sie darauf bestanden, sich das Na^{+}-Salz der DNS anzusehen. Aber mit dem Zucker-Phosphat-Skelett an der Außenseite war es völlig gleichgültig, welches Salz sie enthielt. Eines paßte so gut wie das andere in die Doppel-Helix.

Bragg sah sie am späten Vormittag zum erstenmal. Er war einer Grippe wegen ein paar Tage zu Hause geblieben und lag im Bett, als er hörte, Crick und ich hätten uns eine geniale DNS-Struktur ausgedacht, die wichtige Folgen für die Biologie haben könne. Als er wieder ins Cavendish kam, schlich er sich darum in seinem ersten freien Augenblick aus seinem Büro, um sich das Modell selbst anzusehen. Die komplementäre Beziehung der beiden Ketten gefiel ihm auf Anhieb, und er erkannte, daß die Äquivalenz von Adenin mit Thymin und von Guanin mit Cytosin eine logische Folge der sich in regelmäßigen Abständen wiederholenden Gestalt des Zucker-Phosphat-Skeletts war. Da er nichts von Chargaffs Regeln wußte, erzählte ich ihm von den experimentellen Erkenntnissen über die relativen Anteile der verschiedenen Basen, und ich bemerkte, daß er angesichts der möglichen Folgen hinsichtlich der Reproduktion der Gene immer aufgeregter wurde. Als ich auf die Frage der Röntgenbefunde zu sprechen kam, verstand Bragg sofort, warum wir die King's-Leute noch nicht angerufen hatten. Es beunruhigte ihn aber, daß wir Todd noch nicht nach seiner Meinung gefragt hatten. Auch als wir sagten, wir hätten die Daten der organischen Chemie genau berücksichtigt, war ihm noch nicht ganz wohl. Das Risiko, daß wir die falschen chemischen Formeln benutzt hätten, sei zugegebenermaßen gering, aber Crick spreche so schnell, daß er, Bragg, nie ganz sicher sei, ob er sein Tempo je lange genug verringern könne, um die richtigen Fakten zu erhalten. So wurde ausgemacht, daß wir, sobald wir einen Satz Atomkoordinaten beisammen hatten, Todd herüberbitten würden.

Die letzten Verbesserungen an den Koordinaten waren am folgenden Abend beendet. Da uns der präzise Röntgenbefund nicht zur Verfügung stand, waren wir nicht sicher, ob die von uns gewählte Anordnung auch genau stimmte. Aber das störte uns nicht weiter. Wir wollten ja nur beweisen, daß zumindest eine typische, aus zwei komplementären Ketten bestehende Spirale stereochemisch möglich war. Bevor das eindeutig klar war, konnte man nämlich den Einwand erheben, daß unser Vorschlag zwar nach ästhetischen Gesichtspunkten elegant sei, die Gestalt des Zucker-Phosphat-Skeletts aber eine solche Spirale vielleicht gar nicht zulasse. Jetzt wußten wir glücklicherweise, daß dem nicht so war, und so aßen wir zu Mittag und versicherten uns gegenseitig, daß eine so hübsche Struktur einfach existieren mußte.

Erleichtert und entspannt machte ich mich auf den Weg, um mit Bertrand Tennis zu spielen. Francis sagte ich, am späten Nachmittag würde ich Luria und Delbrück über die Doppel-Helix schreiben. Inzwischen war auch schon ausgemacht worden, daß John Kendrew

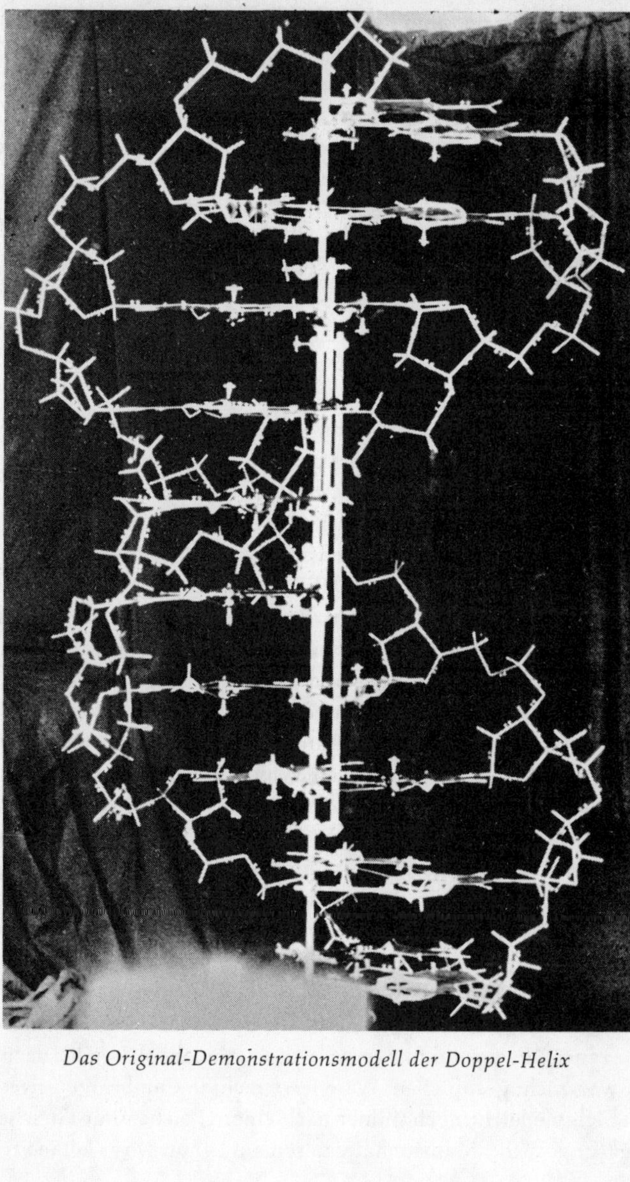

Das Original-Demonstrationsmodell der Doppel-Helix

Maurice anrufen und ihm sagen sollte, er müsse unbedingt kommen und sich ansehen, was Francis und ich gerade ausgetüftelt hätten. Weder Francis noch ich wollten diese Aufgabe übernehmen. Am selben Tag hatte nämlich morgens der Briefträger Francis eine kurze Nachricht von Maurice gebracht: er sei nun dabei, sich mit Volldampf an die DNS zu machen und habe die Absicht, besonderen Nachdruck auf das Modellbauen zu legen.

28

Maurice brauchte das Modell nur eine Minute anzusehen, um zu sagen, daß es ihm gefiel. John hatte ihn schonend darauf vorbereitet: es handle sich um eine Sache mit zwei Ketten, die durch die Adenin-Thymin- und die Guanin-Cytosin-Basenpaare zusammengehalten werde. So untersuchte er gleich, nachdem er in unser Büro gekommen war, die näheren Einzelheiten. Daß unser Modell nicht drei, sondern zwei Ketten hatte, störte ihn nicht. Er wußte, daß die Resultate in dieser Hinsicht nie eindeutig waren. Während Maurice schweigend auf das metallene Ding starrte, stand Francis neben ihm und redete, zuerst sehr schnell, über die Art von Röntgendiagrammen, die eine solche Struktur ergeben mußte. Dann aber wurde er merkwürdig still, da er bemerkte, daß Maurice den Wunsch hatte, sich die Doppel-Helix anzusehen, und nicht gekommen war, um sich einen Vortrag über Kristallographie anzuhören, den er sich selbst halten konnte. Unser Beschluß, Guanin und Thymin die Keto-Form zu geben, wurde nicht in Frage gestellt. Hätten wir anders gehandelt, so wären dadurch die Basenpaare zerstört worden, und Jerry Donohues Begründung hörte er sich an, als handle es sich um eine Selbstverständlichkeit.

Über den ungeahnten Vorteil, daß Jerry bei uns war und ein Büro mit Francis, Peter und mir teilte, wurde, obwohl sich jeder darüber klar war, nicht gesprochen. Wäre Jerry nicht in Cambridge gewesen, hätte ich vielleicht noch immer nach einer Gleiches-mit-Gleichem-Struktur gesucht. Maurice hatte in seinem Labor, wo es keine Struk-

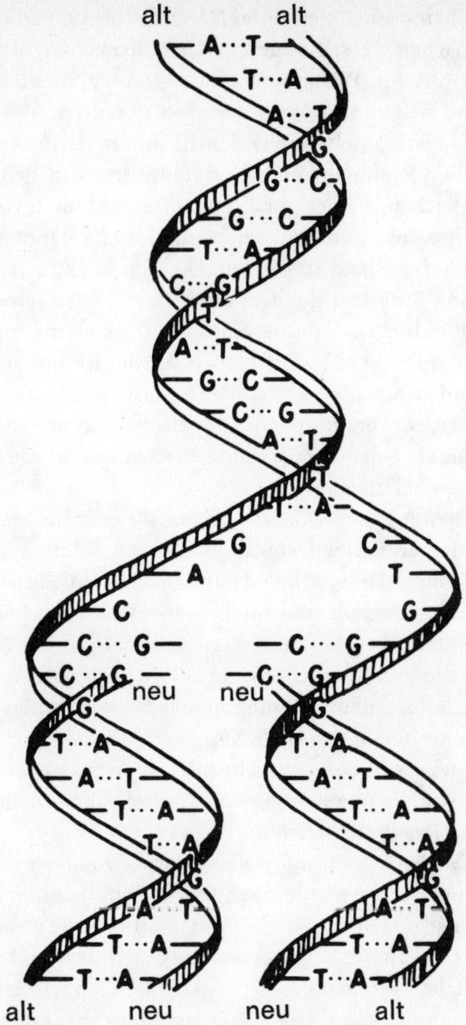

Wie man sich auf Grund des komplementären Charakters der Basenfolgen in den beiden Ketten die Autoreproduktion der DNS vorstellt

turchemiker gab, niemanden in der Nähe, der ihm sagen konnte, daß alle schematischen Darstellungen in den Lehrbüchern falsch waren. Außer Jerry wäre nur Pauling imstande gewesen, die richtige Wahl zu treffen und sich an ihre Konsequenzen zu halten.

Der nächste wissenschaftliche Schritt mußte darin bestehen, die experimentellen Röntgenbefunde sorgfältig mit den Beugungsmustern zu vergleichen, die sich auf Grund unseres Modells voraussagen ließen. Maurice fuhr zurück nach London und versprach, die entscheidenden Reflexe bald zu messen. Der Ton seiner Stimme verriet keine Spur von Bitterkeit. Ich war erleichtert. Bis zu seinem Besuch hatte ich befürchtet, er könnte ein finsteres Gesicht machen und unglücklich darüber sein, daß wir einen Teil des Ruhms ernteten, der allein ihm und seinen jüngeren Kollegen hatte zufallen sollen. Doch er sah absolut nicht verstimmt aus. Auf die ihm eigene gedämpfte Art war er durchaus begeistert und meinte, die Struktur werde für die Biologie von großem Nutzen sein.

Er war erst zwei Tage wieder in London, als er anrief und sagte, sie beide, Rosy und er, hätten festgestellt, daß ihre Röntgenbefunde die Theorie der Doppel-Helix voll und ganz bestätigten. Sie waren dabei, ihre Resultate rasch niederzuschreiben, und wollten sie zugleich mit unserer Meldung über die Basenpaare veröffentlichen. *Nature* war für eine schnelle Veröffentlichung am besten geeignet. Wenn sowohl Bragg als auch Randall die Manuskripte befürworteten, war es möglich, daß man sie dort schon einen Monat nach Erhalt erscheinen ließ. Vom King's würde allerdings nicht nur ein Artikel kommen: Rosy und Gosling wollten unabhängig von Maurice und seinen Mitarbeitern über ihre Resultate berichten.

Daß Rosy unser Modell sofort akzeptierte, wunderte mich zuerst. Ich hatte befürchtet, sie würde, nachdem ihr scharfsinniger, verbohrter Geist in die sich selbst gestellte Antispiralen-Falle gegangen war, irgendwelche nebensächlichen Resultate ausgraben und damit eine gewisse Unsicherheit über die Richtigkeit der Doppel-Helix hervorrufen. Sie erkannte jedoch wie fast jeder, wie reizvoll diese komplementären Basenpaare waren, und fand sich damit ab, daß die Struktur zu hübsch war, um nicht richtig zu sein. Noch ehe sie von unserem Modell gehört habe, hätten ihre Röntgenbefunde sie veranlaßt, zwingender, als sie damals hätte zugeben wollen, eine spiralförmige

Struktur in Erwägung zu ziehen. Die Situierung des Skeletts auf der Außenseite des Moleküls habe sich aus ihren Experimenten ergeben, und angesichts der Notwendigkeit, die Basen mittels Wasserstoffbindungen zu vereinen, sei die Einzigartigkeit der Adenin-Thymin- und der Guanin-Cytosin-Paare eine Tatsache, gegen die sie nichts einzuwenden habe.

Gleichzeitig schwand auch ihr wilder Ärger auf Francis und mich. Anfangs zögerten wir noch, mit ihr über die Doppel-Helix zu sprechen, da wir die Gereiztheit fürchteten, die bei unseren früheren Begegnungen geherrscht hatte. Aber Francis bemerkte Rosys veränderte Haltung schon, als er in London war, um mit Maurice ausführlicher über die Röntgenaufnahmen zu sprechen. Er hatte geglaubt, Rosy wolle nichts mit ihm zu tun haben, und hatte sich darum ausdrücklich an Maurice gewandt, bis ihm allmählich klar wurde, daß Rosy von ihm kristallographische Ratschläge erwartete und durchaus bereit war, ihre frühere Feindseligkeit aufzugeben und so ein kollegiales Gespräch zu ermöglichen. Mit sichtlichem Vergnügen zeigte Rosy Francis ihre Unterlagen, und zum erstenmal begriff er, wie klar ihr Beweis war, daß sich das Zucker-Phosphat-Skelett an der Außenseite des Moleküls befand. Ihre früheren kompromißlosen Behauptungen in dieser Hinsicht waren durchaus nicht die Ergüsse einer irregeleiteten Frauenrechtlerin, sondern spiegelten erstrangige wissenschaftliche Leistungen wider.

Eine unmittelbare Folge von Rosys Verwandlung war, daß sie unser altes Steckenpferd, die Modellbauerei, jetzt als ernsthafte wissenschaftliche Methode anerkannte, statt darin eine bequeme Ausflucht für Faulpelze zu sehen, die von der Schufterei, die zu einer ehrlichen wissenschaftlichen Laufbahn gehört, nichts wissen wollten. Es wurde uns auch klar, daß Rosys Schwierigkeiten mit Maurice und Randall auf ihrem sehr verständlichen Bedürfnis beruhten, von den Leuten, mit denen sie zusammenarbeitete, als ebenbürtig angesehen zu werden. Schon in ihrer ersten Zeit im King's hatte sie sich gegen den hierarchischen Charakter des Laboratoriums aufgelehnt und Anstoß daran genommen, daß ihre außerordentlichen Fähigkeiten auf dem Gebiet der Kristallographie nicht offiziell anerkannt wurden.

In dieser Woche trafen auch Briefe aus Pasadena ein, aus denen hervorging, daß Linus noch weit vom Ziel war. Der erste Brief kam von Delbrück und berichtete, Pauling habe auf einem Seminar, das er gerade gehalten hatte, eine Modifikation seiner DNS-Struktur beschrieben. Das Manuskript, das er nach Cambridge gesandt hatte, war seltsamerweise veröffentlicht worden, bevor sein Mitarbeiter R. B. Corey die Abstände zwischen den Atomen genau hatte messen können. Als dies endlich geschah, fand man mehrere Kontakte, die nicht stimmten und die man auch durch kleine Tricks nicht in Ordnung bringen konnte. Paulings Modell war also auch aus rein stereochemischen Gründen nicht möglich. Trotzdem hoffte Pauling dank eines Änderungsvorschlags von seiten seines Kollegen Verner Schomaker, die Situation retten zu können. Bei dem verbesserten Modell waren die Phosphoratome um 45 Grad gedreht. Dadurch wurde es möglich, daß jetzt eine andere Gruppe von Sauerstoffatomen eine Wasserstoffbindung bildete. Nach Paulings Vortrag hatte Delbrück zu Schomaker gesagt, er glaube nicht, daß Linus auf dem richtigen Wege sei. Er habe gerade von mir die Nachricht erhalten, daß ich eine neue Idee für die DNS-Struktur hätte.

Delbrücks Bemerkungen kamen Pauling sofort zu Ohren, und er schrieb mir rasch einen Brief. Der erste Teil dieses Briefes verriet nur eine gewisse Nervosität – Linus kam noch nicht direkt zur Sache, sondern lud mich ein, an einer Tagung über Proteine teilzunehmen, bei der auf seinen Beschluß hin zusätzlich über Nukleinsäuren verhandelt werden sollte. Dann rückte Linus mit der Sprache heraus und erkundigte sich nach der schönen neuen Struktur, von der ich Delbrück geschrieben hätte. Während ich seinen Brief las, atmete ich erleichtert auf, denn es wurde mir klar, daß Delbrück zu dem Zeitpunkt, als Linus seinen Vortrag hielt, noch nichts über die komplementäre Doppel-Helix gewußt hatte. Er spielte vielmehr auf die Gleiches-mit-Gleichem-Idee an. Glücklicherweise war zu der Zeit, als mein Brief im Cal Tech anlangte, das Problem der Basenpaare bereits gelöst. Andernfalls wäre ich in der peinlichen Lage gewesen, Delbrück und Pauling mitteilen zu müssen, daß ich überstürzt über eine Idee geschrieben hatte, die kaum zwölf Stunden alt war und nur eine Lebensdauer von vierundzwanzig Stunden haben sollte.

Todd machte uns seinen offiziellen Besuch gegen Ende der Woche. Er kam mit mehreren jüngeren Kollegen vom chemischen Laboratorium herüber. Francis informierte im Schnellverfahren über die

Watson und Crick vor dem DNS-Modell

Struktur und ihre Konsequenzen. Sein Bericht hatte, obwohl er ihn in der vergangenen Woche mehrmals täglich abgehaspelt hatte, nichts von seiner Würze verloren. Die Wellen seiner Begeisterung stiegen jeden Tag etwas höher, und wenn Jerry und ich hörten, daß Francis mit lauter Stimme neue Besucher hereingeleitete, verließen wir meistens unser Büro und warteten ab, bis die Neubekehrten entlassen wurden und wir wieder ein bißchen ordentliche Arbeit tun konnten. Mit Todd war es etwas anderes. Ich wollte dabei sein, wenn er Bragg erzählte, daß wir seinen Rat hinsichtlich der Chemie des Zucker-Phosphat-Skeletts richtig befolgt hatten. Todd fing ebenfalls von den Keto-Formen an und sagte, seine Freunde von der organischen Chemie hätten aus purer Willkür Enol-Gruppen statt Keto-Gruppen gezeichnet. Dann verließ er uns, nachdem er mir und Francis zu unserer ausgezeichneten chemischen Arbeit gratuliert hatte.

Ich verließ Cambridge kurze Zeit darauf, um eine Woche in Paris bei Boris und Harriett Ephrussi zu verbringen. Diese Reise war schon vor ein paar Wochen verabredet worden. Und da der Hauptteil unserer Arbeit praktisch geschafft war, sah ich nicht ein, warum ich einen Besuch aufschieben sollte, der mir jetzt noch das Extravergnügen bot, in den Laboratorien von Ephrussi und Lwoff als erster von der Doppel-Helix zu erzählen. Francis war allerdings nicht sehr glücklich darüber. Er meinte, eine Woche, das sei viel zu lang, um eine Arbeit von so außerordentlicher Bedeutung im Stich zu lassen. Aber ein Appell an meine Seriosität war nicht nach meinem Geschmack – zumal John eben gerade Francis und mir einen Brief von Chargaff gezeigt hatte, in dem auch von uns die Rede war: in einem Postskriptum fragte Chargaff, was denn seine beiden wissenschaftlichen Clowns im Schilde führten.

29

Pauling hörte von der Doppel-Helix durch Delbrück. Am Schluß des Briefes, in dem ich Delbrück über die komplementären Ketten berichtete, hatte ich ihn gebeten, Linus nichts zu sagen. Ich war noch immer ein bißchen ängstlich, irgend etwas könne schiefgehen, und wollte darum nicht, daß Pauling über wasserstoffgebundene Basen nachdachte, ehe wir die Sache nicht noch ein paar Tage verdaut hatten. Delbrück setzte sich jedoch über meine Bitte hinweg. Er mußte unbedingt allen Leuten in seinem Labor davon erzählen und wußte natürlich, daß die aufregende Neuigkeit innerhalb weniger Stunden den Weg von seinem Biologielabor zu den Freunden finden würde, die unter Linus arbeiteten. Pauling hatte ihm auch das Versprechen abgenommen, ihn in der Minute, wo er von mir hörte, zu benachrichtigen. Und dann gab es den noch entscheidenderen Grund, daß Delbrück jede Art von Geheimnistuerei auf wissenschaftlichem Gebiet haßte und Pauling nicht länger im unklaren lassen wollte.

Pauling reagierte, ebenso wie Delbrück, mit stürmischer Begeisterung. In fast jeder anderen Situation hätte Pauling für die guten Seiten seiner eigenen Theorie gekämpft. Aber die überwältigenden biologischen Vorzüge unseres sich selbst ergänzenden DNS-Moleküls veranlaßten ihn, das Rennen wirklich aufzugeben. Bevor er die Angelegenheit als erledigt betrachtete, wollte er jedoch die Beweise der King's-Leute sehen. Dazu hoffte er in drei Wochen Gelegenheit zu haben, wenn er in der zweiten Aprilwoche zu einem Solvay-Kongreß über Proteine nach Brüssel kam.

Daß Pauling auf dem laufenden war, ging aus einem Brief von Delbrück hervor, den ich am 18. März, unmittelbar nach meiner Rückkehr aus Paris, erhielt. Aber jetzt machte uns das nichts mehr aus. Die Beweise zugunsten der komplementären Basenpaare häuften sich. Eine entscheidende Information verdankte ich dem Institut Pasteur. Ich traf dort zufällig den kanadischen Biochemiker Gerry Wyatt, der über die Basenanteile in der DNS gut Bescheid wußte. Er hatte gerade die DNS der Phagenfamilien T 2, T 4 und T 6 analysiert. Seit zwei Jahren hieß es von dieser DNS, sie habe die merkwürdige Eigenschaft, kein Cytosin zu besitzen, ein Charakteristikum, das mit unserem Modell unvereinbar war. Aber Wyatt sagte jetzt, er hätte zusammen mit Seymour Cohen und Al Hershey nachgewiesen, daß diese drei Phagen einen etwas abweichenden Typ von Cytosin enthielten, das sogenannte 5-Hydroxy-methylcytosin. Besonders wichtig war dabei, daß die Menge dieser Cytosinart genau der Menge des Guanins entsprach. Das war eine schöne Bestätigung der Doppel-Helix, da das 5-Hydroxy-methylcytosin Wasserstoffbrücken bilden konnte wie das Cytosin. Ebenso angenehm war die große Genauigkeit dieser Befunde. Besser als alle früheren analytischen Arbeiten ließen sie die Gleichwertigkeit von Adenin und Thymin einerseits und von Guanin und Cytosin andererseits erkennen.

Während meiner Abwesenheit hatte sich Francis noch einmal die Struktur des DNS-Moleküls in der A-Form vorgenommen. Die früheren Arbeiten in Maurices Labor hatten gezeigt, daß die kristallinen Fasern der DNS, sobald sie Wasser aufnahmen, sich der Länge nach ausdehnten und in die B-Form übergingen. Francis vermutete darum, daß die kompaktere A-Form durch eine Drehung der Basenpaare zustande kam, wodurch die Translationsentfernung eines Basenpaars längs der Faserachse um ungefähr 2.6 Ångström verringert wurde. Er begann darum ein Modell mit gedrehten Basen zu bauen. Obwohl sich dieses Modell schwieriger zusammensetzen ließ als die lockere B-Struktur, erwartete mich bei meiner Rückkehr ein befriedigendes A-Modell.

In der folgenden Woche verteilten wir Durchschläge unseres ersten Entwurfs für den *Nature*-Artikel und schickten Maurice und Rosy je ein Exemplar mit der Bitte um Begutachtung nach London. Beide erhoben keine ernsthaften Einwände. Sie baten uns nur, zu erwähnen, daß Fraser in ihrem Labor schon vor uns Wasserstoffbindungen zwischen den Basen in Erwägung gezogen hatte. Bei seinen Schemen, deren Details uns noch unbekannt waren, handelte es sich aber immer um Gruppen von drei Basen mit einer Wasserstoffbindung in der Mitte, und viele hatten, wie wir inzwischen wußten, die falsche tautomere Form. Unserer Meinung nach mußte Frasers Idee nicht wieder zum Leben erweckt, sondern schleunigst begraben werden. Da sich Maurice jedoch über diesen Einwand zu ärgern schien, fügten wir einen entsprechenden Hinweis ein. In ihren eigenen Aufsätzen bewegten sich Rosy und Maurice im großen und ganzen auf dem gleichen Grund. Beide zogen zur Interpretation ihrer Resultate das Schema der Basenpaare heran. Francis dachte einen Augenblick daran, unseren Artikel zu erweitern und ausführlich über die zu erwartenden Folgen für die Biologie zu schreiben. Aber schließlich gab er doch einer kurzen Bemerkung den Vorzug und formulierte den folgenden Satz: «Es ist unserer Aufmerksamkeit nicht entgangen, daß die spezifische Paarbildung, die wir hier voraussetzen, sogleich

Morgenkaffee im Cavendish-Laboratorium – kurz nach der Veröffentlichung des Manuskripts über die Doppel-Helix

an einen möglichen Kopiermechanismus für das genetische Material denken läßt.»

Sir Lawrence bekam den Artikel in seiner fast endgültigen Fassung zu sehen. Er schlug uns eine geringfügige stilistische Änderung vor und erklärte sich voller Enthusiasmus bereit, ihn mit einem empfehlenden Begleitschreiben an *Nature* zu schicken. Daß die Struktur nun gefunden war, machte Bragg richtig glücklich, und daß die Lösung aus dem Cavendish kam und nicht aus Pasadena, trug unbedingt dazu bei. Noch wichtiger aber war die unerwartet wunderbare Natur des Resultats und die Tatsache, daß die Röntgenmethode, die er selbst vor vierzig Jahren ausgearbeitet hatte, sich als das Werkzeug zu einer tiefen Einsicht in das Wesen des Lebens selbst erwiesen hatte.

Die endgültige Fassung war am letzten Märzwochenende fertig, mußte aber noch getippt werden. Unsere Schreibkraft im Cavendish war nicht zur Hand, und so wurde meine Schwester mit dieser kleinen Arbeit beauftragt. Es war kein Problem, sie zu überreden, einen Sonnabendnachmittag dafür zu opfern. Wir brauchten ihr nur zu sagen, daß sie auf diese Weise an dem wahrscheinlich größten Ereignis in der Biologie seit Darwins Buch beteiligt war. Francis und ich standen beide hinter ihr, als sie den neunhundert Worte langen Artikel tippte, der mit den Worten begann: «Wir möchten hiermit eine Struktur für das Salz der Desoxyribonukleinsäure (DNS) vorschlagen. Diese Struktur besitzt neuartige Eigenschaften, die von beträchtlichem biologischem Interesse sind.» Am Dienstag wurde das Manuskript an Braggs Büro geschickt, und am Mittwoch, dem 2. April, ging es an die Herausgeber von *Nature* ab.

Linus kam am Freitagabend. Er war auf dem Weg nach Brüssel zum Solvay-Kongreß und machte in Cambridge Station, um Peter zu besuchen und sich unser Modell anzusehen. Peter war so gedankenlos, ihn in Pops Pension unterzubringen. Bald stellte sich heraus, daß er ein Hotel vorgezogen hätte. Die Gegenwart junger Ausländerinnen beim Frühstück entschädigte ihn nicht für das fehlende warme Wasser in seinem Zimmer. Am Sonnabendmorgen brachte ihn Peter ins Büro. Nachdem er Jerry begrüßt und mit den letzten Neuigkeiten vom Cal Tech versorgt hatte, begann er das Modell zu mustern. Zwar hatte er noch immer den Wunsch, die quantitativen Messungen des King's-Laboratoriums zu sehen, doch konnten wir unsere Argumente bereits dadurch stützen, daß wir ihm einen Abzug von Rosys Originalaufnahme der B-Form zeigten. Alle guten Karten waren in unserer Hand, und so tat er gnädig seine Meinung kund, wir hätten die Lösung gefunden.

Bald darauf kam Bragg, um Linus abzuholen und ihn und Peter zum Mittagessen mit zu sich nach Hause zu nehmen. Und abends waren Linus und Peter zusammen mit Elizabeth und mir bei den Cricks am Portugal Place zum Abendessen. Es lag vielleicht an Paulings Gegenwart, daß Francis etwas gedämpft war und still mitansah, wie Linus meiner Schwester und Odile gegenüber seinen ganzen Charme entfaltete. Obwohl wir eine hübsche Anzahl Burgunderflaschen leerten, wurde das Gespräch nicht so recht lebhaft, und ich hatte das Gefühl, daß Pauling sich lieber mit mir, einem ausgesprochen unfertigen Vertreter der jüngeren Generation, unterhielt als mit Francis. Das Gespräch dauerte aber nicht lange, da Linus noch auf kalifornische Zeit eingestellt war und müde wurde. Gegen Mitternacht war die kleine Party zu Ende.

Elizabeth und ich flogen am nächsten Nachmittag nach Paris, wo Peter am Tag darauf zu uns stoßen wollte. Elizabeth hatte die Absicht, zehn Tage später per Schiff nach den Vereinigten Staaten zu fahren und anschließend nach Japan, um dort einen Amerikaner zu heiraten, den sie im College kennengelernt hatte. Es waren also die letzten Tage, die wir zusammen verbrachten – zumindest in dieser sorglosen Stimmung, die wir kannten, seit wir dem Mittleren Westen und der so leicht zu gemischten Gefühlen Anlaß gebenden amerikanischen Kultur entflohen waren. Am Montagmorgen gingen wir in den Faubourg Saint-Honoré, um noch einmal seine Eleganz zu bewundern. Als wir in einen Laden voller schicker Regenschirme hineinsahen, kam mir die Idee, so ein Schirm sei vielleicht ein Hochzeitsgeschenk für Elizabeth, und gleich darauf hatten wir auch schon einen gekauft. Anschließend machte Elizabeth sich auf den Weg, um mit einer Freundin Tee zu trinken, und ich wanderte zurück, über die Seine-Brücke und zu unserem Hotel in der Nähe vom Luxembourg. Später, am Abend, wollten wir mit Peter meinen Geburtstag feiern. Aber jetzt war ich allein. Ich sah mir die langhaarigen Mädchen um Saint-Germain-des-Prés an und wußte, sie waren nichts für mich. Ich war fünfundzwanzig und zu alt, um exzentrisch zu sein.

Epilog

Fast alle in diesem Buch erwähnten Personen leben noch und sind noch geistig tätig. Herman Kalckar ist in die Staaten gekommen und ist hier Professor für Biochemie an der Harvard Medical School. John Kendrew und Max Perutz sind beide in Cambridge geblieben. Sie machen nach wie vor ihre Röntgenuntersuchungen an Proteinen und haben dafür 1962 den Nobelpreis für Chemie bekommen. Sir Lawrence Bragg, der 1954 nach London ging und Direktor der Royal Institution wurde, hat seine Begeisterung und sein Interesse für die Struktur der Proteine keineswegs verloren. Hugh Huxley ist, nachdem er mehrere Jahre in London verbracht hat, wieder in Cambridge und untersucht dort den Mechanismus der Muskelkontraktion. Francis Crick ging nach einem Jahr in Brooklyn auch wieder nach Cambridge zurück. Er arbeitet über das Wesen und die Arbeitsweise des genetischen Codes, ein Gebiet, auf dem er seit zehn Jahren in der ganzen Welt als führend anerkannt wird. Maurice Wilkins hat seine Tätigkeit noch mehrere Jahre lang auf die DNS konzentriert, bis er und seine Mitarbeiter einwandfrei feststellten, daß die wesentlichen Eigenschaften der Doppel-Helix stimmen. Nachdem er anschließend einen bedeutenden Beitrag zur Struktur der Ribonukleinsäure geleistet hatte, wandte er sich der Erforschung der Organisation und Wirkungsweise des Nervensystems zu. Peter Pauling lebt jetzt in London und lehrt Chemie am University College. Sein Vater hat vor kurzem die aktive Lehrtätigkeit am Cal Tech aufgegeben und konzentriert seine wissenschaftliche Aktivität gegenwärtig auf die Struktur des Atomkerns und auf die theoretische Strukturchemie. Meine Schwester lebt, nachdem sie mehrere Jahre im Orient war, mit ihrem Mann, der Verleger ist, und ihren drei Kindern in Washington.

Alle diese Menschen können, falls sie es wünschen, auf Ereignisse und Einzelheiten hinweisen, die sie vielleicht anders in Erinnerung haben als ich. Mit einer einzigen traurigen Ausnahme: 1958 starb Rosalind Franklin im Alter von siebenunddreißig Jahren. Da sich meine ersten (in diesem Buch festgehaltenen) Eindrücke von ihr – sowohl in persönlicher als auch in wissenschaftlicher Hinsicht – weitgehend als falsch erwiesen haben, möchte ich hier etwas über ihre wissenschaftlichen Leistungen sagen. Ihre Röntgenarbeiten im King's-Laboratorium werden immer mehr als hervorragend anerkannt. Allein die Tatsache, daß sie die A- und die B-Form der DNS unterschied, hätte genügt, um sie berühmt zu machen. Aber noch größer war ihre Leistung, als sie 1952 mit Hilfe von Pattersons Superpositionsmethoden den Nachweis erbrachte, daß sich die Phosphatgruppen an der Außenseite des DNS-Moleküls befinden müssen. Später, in Bernals Labor, arbeitete sie über das Tabakmosaikvirus und hat unsere qualitativen Ideen über den Spiralbau bald zu einer präzisen quantitativen Darstellung ausgeweitet. Definitiv stellte sie die wesentlichen Spiralen-Parameter fest und lokalisierte die Ribonukleinsäure-Kette in halber Entfernung von der Mittelachse.

Ich hatte inzwischen einen Lehrstuhl in den Staaten und konnte sie darum nicht so oft sehen wie Francis, den sie häufig besuchte, um sich Rat zu holen oder aber, wenn sie etwas besonders Hübsches zuwege gebracht hatte, um sich zu vergewissern, ob er mit ihren Begründungen übereinstimmte. Alle unsere früheren Zänkereien waren längst vergessen, und wir beide lernten ihre persönliche Aufrichtigkeit und Großmütigkeit schätzen. Einige Jahre zu spät wurde uns bewußt, was für Kämpfe eine intelligente Frau zu bestehen hat, um von den Wissenschaftlern anerkannt zu werden, die in Frauen oft nur eine Ablenkung vom ernsthaften Denken sehen. Rosalinds Integrität und ihr vorbildlicher Mut wurden allen offenbar, die erlebten, wie sie, obwohl sie wußte, daß sie unheilbar krank war, niemals klagte und bis wenige Wochen vor ihrem Tod ihre Arbeit auf einem hohen Niveau fortsetzte.

Auf den folgenden Seiten: Watsons Brief (Faksimile) an Delbrück, in dem er ihm von der Doppel-Helix erzählt (Übersetzung Seite 182f)

UNIVERSITY OF CAMBRIDGE DEPARTMENT OF PHYSICS

TELEPHONE
CAMBRIDGE 55478

CAVENDISH LABORATORY
FREE SCHOOL LANE
CAMBRIDGE

March 12, 1953

Dear Max

Thank you very much for your recent letters. We were quite interested in your account of the Pauling seminar. The day following the arrival of your letter, I received a note from Pauling, mentioning that their model had been revised, and indicating interest in our model. We shall thus have to write him in the near future as to what we are doing. Until now we preferred not to write him since we did not want to commit ourselves until we were completely sure that all of the van der Waals contacts were correct and that ~~our~~ all aspects of our structure were stereochemically feasible. I believe now that we have made sure that our structure can be

…) bears no relationship to either the original or to the revised Pauling-Corey-Schomaker models. It is a strange model and embodies several unusual features. However since DNA is an unusual substance we are not hesitant in being bold. The main features of the model are (1) The basic structure is helical – it consists of two intertwining helices – the core of the helix is occupied by the purine and pyrimidine bases. – The phosphate groups are on the outside (2) The helices are not identical but complementary so that if one helix contains a purine base, the other helix contains a pyrimidine. This feature is a result of our attempt to make the residues equivalent and at the same time put the purines and pyrimidine bases in the center. The pairing of the purine with pyrimidines is very exact and dictated by their desire to form hydrogen bonds. – Adenine will pair with Thymine while Guanine will always pair with Cytosine. For example

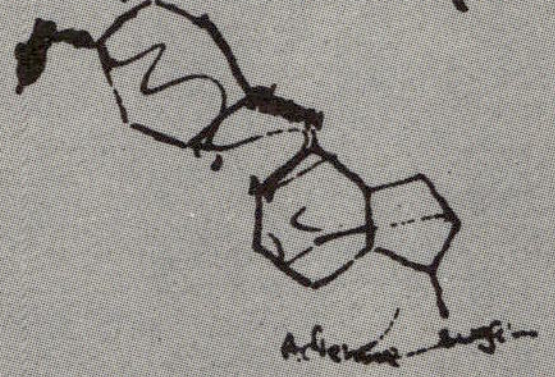

(next page)

UNIVERSITY OF CAMBRIDGE DEPARTMENT OF PHYSICS

TELEPHONE
CAMBRIDGE 55478

CAVENDISH LABORATORY
FREE SCHOOL LANE
CAMBRIDGE

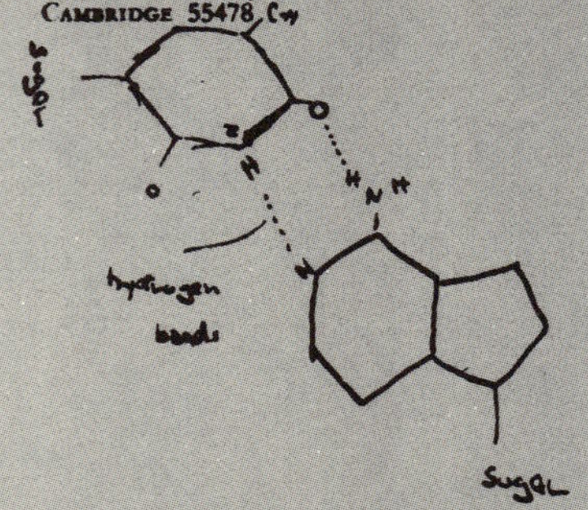

Thymine with Adenine

or

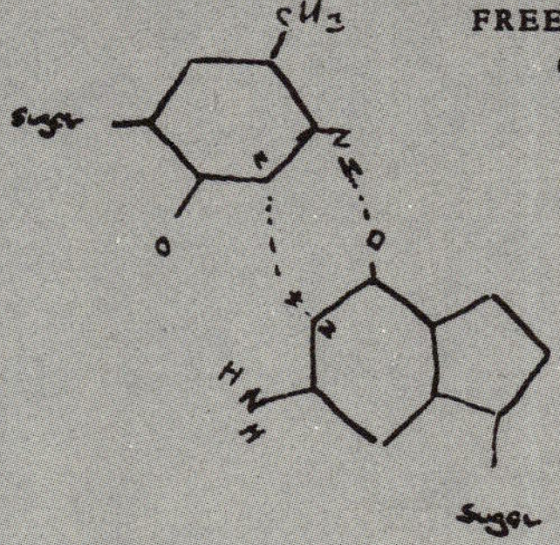

Cytosine with Guanine

While my diagram is crude, in fact these pairs form 2 very nice hydrogen bonds in which all of the angles are exactly right. This pairing is based on the effective existence of only one out of the two possible tautomeric forms – in all cases we prefer the keto form over the enol,

… the keto and amino forms are present in preference to the enol and imino possibilities.

The model has been derived almost entirely from stereochemical considerations with the only x-ray consideration being the spacing between the pair of bases 3.4 A which was originally found by Astbury. It tends to build itself with approximately 10 residues per turn in 34 A. The screw is right handed.

The x-ray pattern approximately agrees with the model, but since the photographs available to us are poor and meagre (we have no photographs of our own and like Pauling must use Astbury's photographs) this agreement in no way constitutes a proof of our model. We are certainly a long way from proving its correctness. To do this we must obtain collaboration from the group at Kings College London who possess very excellent photographs of a crystalline phase in addition to rather good photographs of a paracrystalline phase. Our model has been made in reference to the paracrystalline form and as yet we have no clear ideas as to how these molecules can

UNIVERSITY OF CAMBRIDGE DEPARTMENT OF PHYSICS

TELEPHONE
CAMBRIDGE 55478

CAVENDISH LABORATORY
FREE SCHOOL LANE
CAMBRIDGE

pack together to form the crystalline phase.

In the next day or so Crick and I shall send a note to Nature proposing our structure as a possible model, at the same time emphasizing its provisional nature and the lack of proof in its favor. Even if wrong I believe it to be interesting since it provides a concrete example of a structure composed of complementary chains. If by chance, it is right then I suspect we may be making a slight dent into the manner in which DNA .

… of D.N.A.

reproduction.

I shall write you in a day or so about the recombination paper. Yesterday I received a very interesting note from Bill Hayes. I believe he is sending you a copy.

I have met Alfred Tissieres recently. He seems very nice. He speaks fondly of Pasadena and I suspect has not yet become accustomed to being a Fellow of Kings.

My regards to Manny

Jim.

P.S. We would prefer your not mentioning this letter to Pauling. When our letter to Nature is completed we shall send him a copy. We should like to send him coordinates.

12. März 1953

Lieber Max,

vielen Dank für Deine letzten Briefe. Dein Bericht über Paulings Seminar hat uns sehr interessiert. Am Tag nach Ankunft Deines Briefes erhielt ich eine Mitteilung von Pauling: sie hätten ihr Modell abgeändert. Er scheint sich jetzt für unser Modell zu interessieren. Wir werden ihm also demnächst schreiben müssen, was wir tun. Bisher hatten wir es vorgezogen, ihm nicht zu schreiben, denn wir wollten uns nicht festlegen, bevor wir ganz sicher waren, daß alle van der Waalsschen Bindungen korrekt und alle Aspekte unserer Struktur stereochemisch praktikabel sind. Jetzt glaube ich aber, wir haben bewiesen, daß unsere Struktur konstruierbar ist, und zur Zeit sind wir dabei, die genauen Atomkoordinaten sorgfältig zu berechnen.

Unser Modell (ein gemeinsames Projekt von Francis Crick und mir) steht in keinerlei Beziehung zu den ursprünglichen oder zu den abgeänderten Pauling-Corey-Shoemaker-Modellen: es ist ein seltsames Modell und weist mehrere ungewöhnliche Züge auf. Doch da die DNS ja eine ungewöhnliche Substanz ist, schrecken wir vor keiner Kühnheit zurück. Die wichtigsten Eigenschaften des Modells sind: 1. Die Grundstruktur ist spiralenförmig – sie besteht aus zwei miteinander verflochtenen Spiralen –, das Innere der Spirale ist mit den Purin- und Pyrimidinbasen besetzt. Die Phosphatgruppen befinden sich an der Außenseite; 2. Die Spiralen sind nicht identisch, sondern komplementär, so daß, wenn die eine Spirale ein Purin hat, die andere ein Pyrimidin enthält. Diese Eigenschaft ergab sich bei dem Versuch, die Reste äquivalent zu machen und gleichzeitig die Purin- und die Pyrimidinbasen in das Zentrum zu setzen. Die paarweise Verbindung der Purine mit den Pyrimidinen stimmt sehr genau und wird durch ihr Bestreben bestimmt, Wasserstoffbindungen zu bilden. Adenin paart sich mit Thymin, während sich Guanin stets mit Cytosin paart. Zum Beispiel: [Siehe die im Brief-Faksimile auf Seite 177–178 enthaltene schematische Darstellung.]

Mein Schema ist etwas grob, aber in Wirklichkeit bilden diese Paare zwei sehr hübsche Wasserstoffbindungen, in denen alle Winkel exakt rechtwinklig sind. Diese Paarung beruht darauf, daß immer nur eine der beiden möglichen tautomeren Formen tatsächlich existiert.

In allen Fällen ziehen wir die Keto-Form der Enol-Form vor, bzw. die Amino-Form der Imino-Form. Das ist schließlich und endlich nur eine *Annahme*, aber Jerry Donohue und Bill Cochran haben uns erzählt, daß bei allen bisher untersuchten organischen Molekülen die Keto- und Amino-Formen eher verwirklicht worden sind als die Enol- und Imino-Möglichkeiten.

Das Modell ist fast gänzlich auf Grund stereochemischer Betrachtungen abgeleitet worden. Die einzige röntgenologische Betrachtung bezieht sich auf den ursprünglich von Astbury gefundenen Abstand von *3.4 Ångström* zwischen den Basenpaaren. Die Struktur zeigt eine Tendenz, sich aus ungefähr zehn Posten pro Windung aufzubauen, und zwar alle 34 Ångström. Die Spirale ist rechtsläufig.

Das Röntgenschema stimmt mit unserem Modell im großen und ganzen überein, aber da die uns zugänglichen Aufnahmen spärlich und schlecht sind (wir haben keine eigenen Aufnahmen und müssen wie Pauling Astburys Aufnahmen benutzen), stellt diese Übereinstimmung durchaus keinen Beweis für unser Modell dar. Wir haben sicher noch einen langen Weg vor uns, bevor wir seine Richtigkeit beweisen können. Wir benötigen zu diesem Zweck die Mitarbeit der Gruppe vom King's College in London, die – neben ziemlich guten Aufnahmen einer parakristallinen Phase – ganz ausgezeichnete Aufnahmen einer kristallinen Phase besitzt. Unser Modell ist allerdings im Hinblick auf die parakristalline Form aufgestellt worden, und bisher haben wir noch keine klare Vorstellung darüber, wie sich diese Spiralen zusammentun könnten, um die kristalline Phase zu bilden.

An einem der nächsten Tage wollen Crick und ich eine Mitteilung an *Nature* senden und unsere Struktur als ein mögliches Modell vorschlagen. Gleichzeitig wollen wir aber ihren provisorischen Charakter betonen und das Fehlen von Beweisen zu ihren Gunsten. Selbst wenn sie falsch sein sollte, halte ich sie für interessant; denn sie liefert uns ein konkretes Beispiel einer aus komplementären Ketten gebildeten Struktur. Ist sie aber zufälligerweise richtig, dann kommen wir, glaube ich, ein kleines Stückchen weiter hinsichtlich der Art und Weise, wie sich die DNS selbst reproduziert. Aus diesen Gründen (und etlichen anderen) ziehe ich diese Modellart dem Modell von Pauling vor, das, selbst wenn es richtig wäre, nichts weiter über die Natur der DNS-Reproduktion aussagen würde.

Ich schreibe Dir an einem der nächsten Tage über die Rekombinations-Arbeit. Gestern bekam ich eine sehr interessante Mitteilung von Bill Hayes. Ich glaube, er schickt Dir einen Durchschlag.

Ich habe neulich Alfred Tissières kennengelernt. Er scheint sehr nett zu sein. Er spricht begeistert von Pasadena, und ich habe den Verdacht, er hat sich noch nicht daran gewöhnt, Fellow am King's zu sein.

Viele Grüße an Manny
Jim

PS. Es wäre uns lieber, wenn Du Pauling gegenüber diesen Brief nicht erwähnst. Sobald unser Brief an *Nature* vervollständigt worden ist, schicken wir ihm einen Durchschlag. Wir möchten ihm auch gern die Koordinaten senden.

In Stockholm, anläßlich der Verleihung des Nobelpreises, Dezember 1962: Maurice Wilkins, John Steinbeck, John Kendrew, Max Perutz, Francis Crick und James D. Watson

Fachwortglossar

Ångström (Å): Längeneinheit (1 Å = 0,000 000 01 cm).
Basen (Nukleinbasen): ringförmig angeordnete, stickstoffhaltige Verbindungen, Bestandteile der Nukleinsäuren.
Bindungen: Verknüpfungen zwischen Atomen oder Atomgruppen.
Chromosomen: aus Eiweiß und Nukleinsäure aufgebaute Zellbestandteile, Träger der Erbanlagen.
Diffraktion: Beugung von Röntgenstrahlen, aus der sich bei der Röntgenstrukturanalyse die Anordnung der Atome im Molekül oder Kristall ermitteln läßt.
DNS: Desoxyribonukleinsäure.
Gene: in den Chromosomen des Zellkerns gelegene Substanzen, Träger der Erbinformationen.
Hämoglobin: der rote Blutfarbstoff.
Ionen: positiv oder negativ geladene Atome oder Moleküle.
Kationen: positiv geladene Atome oder Moleküle.
Mg^{++}-Ionen: Magnesium-Ionen.
Myoglobin: Muskelfarbstoff.
Nukleotide: die aus je einem Molekül Base, Phosphorsäure und Zucker zusammengesetzten Bausteine des Nukleinsäuremoleküls.
Phagen (Bakteriophagen): Viren, die in Bakterien auftreten.
Polynukleotide: eine Vielzahl miteinander verknüpfter Nukleotide (z. B. Nukleinsäuren).
Polypeptide: eine Vielzahl miteinander verknüpfter Aminosäuren (z. B. Proteine).
Proteine: Sammelbezeichnung für einfache Eiweißkörper, die aus verschiedenen Aminosäuren aufgebaut sind.
Reproduktion: Verdoppelung des Moleküls.
Struktur: räumliche Anordnung der Atome in einem Molekül.
RNS: Ribonukleinsäure.
TMV: Tabakmosaikvirus, Erreger der Mosaikkrankheit der Tabakpflanze.

Kurzbiographien

William Lawrence Bragg, geb. 1890, englischer Physiker, einer der Begründer der Kristallographie, Nachfolger Ernest Rutherfords als Direktor des Cavendish-Laboratoriums, von 1954 bis 1966 Direktor der Royal Institution, London. Nobelpreis für Physik (1915).
William Cochran, geb. 1922, englischer Physiker, Dozent für Kristallogra-

phie am Cavendish-Laboratorium, seit 1964 Professor für Physik in Edinburgh.

Francis H. C. Crick, geb. 1916, englischer Biochemiker, bedeutende Arbeiten über Molekularbiologie und Genetik, entdeckte zusammen mit Watson die DNS-Struktur. Nobelpreis für Medizin (1962).

Rosalind Franklin (1921–1958), trug entscheidend zur Entdeckung der DNS-Struktur bei und wies nach, daß sich die Phosphatgruppen an der Außenseite des DNS-Moleküls befinden müssen, arbeitete über den Tabakmosaikvirus und die Ribonukleinsäure.

William Hayes, geb. 1913, englischer Biologe, arbeitet über die Genetik der Bakterien und leitet seit 1957 das Forschungszentrum für Mikrobengenetik des Medical Research Council, Cambridge.

Dorothy Hodgkin-Crowfoot, geb. 1910, englische Kristallographin, arbeitete unter anderem über das Insulin und das Vitamin B_{12}, seit 1960 Professorin in Oxford. Nobelpreis für Chemie (1964).

Hugh Esmor Huxley, geb. 1924, englischer Biologe, widmet sich besonders der Physiologie des Muskelsystems, seit 1962 im Laboratorium für Molekularbiologie, Cambridge, tätig.

John C. Kendrew, geb. 1917, englischer Biochemiker, bedeutende Arbeiten über das Myoglobin, ermittelte zusammen mit Max Perutz die Struktur des Hämoglobinmoleküls, stellvertretender Direktor des Laboratoriums für Molekularbiologie des Medical Research Council, Cambridge. Nobelpreis für Chemie (1962).

Joshua Lederberg, geb. 1925, amerikanischer Genetiker, wies zusammen mit dem amerikanischen Biochemiker E. L. Tatum nach, daß Bakterien sich auch geschlechtlich fortpflanzen können. Professor an der Stanford University. Nobelpreis für Medizin (1958).

André Lwoff, geb. 1902, französischer Biologe, Leiter der Abteilung für Mikrophysiologie am Institut Pasteur und seit 1959 Professor für Mikrobiologie an der Sorbonne. Nobelpreis für Medizin (1965).

Roy Markham, geb. 1916, englischer Biologe, dessen Hauptgebiet die Pflanzenviren sind, leitet seit 1960 die Abteilung für Virologie des Agricultural Research Council, Cambridge.

Linus C. Pauling, geb. 1901, amerikanischer Chemiker, von 1931 bis 1963 Professor am California Institute of Technology, Pasadena, bedeutende Arbeiten über die chemische Bindung sowie über die Molekülstrukturen der Proteine. Pauling setzte sich für die Einstellung aller Kernwaffenexperimente ein. Nobelpreis für Chemie (1954) und Friedensnobelpreis (1962).

Max F. Perutz, geb. 1914, englischer Biochemiker österreichischer Herkunft, ermittelte zusammen mit Kendrew die Struktur des Hämoglobins, Direktor des Laboratoriums für Molekularbiologie des Medical Research Council, Cambridge. Nobelpreis für Chemie (1962).

John Turton Randall, geb. 1905, englischer Physiker, Professor für Physik in London und Direktor des Biophysikalischen Laboratoriums des King's

College, London.
Alexander Robertus Todd, geb. 1907, englischer Chemiker, Professor für organische Chemie in Cambridge, erforschte unter anderem Aufbau und chemische Wirkungsweise der in den Zellkernen und Viren enthaltenen Nukleotide. Nobelpreis für Chemie (1957).
Maurice H. F. Wilkins, geb. 1916, englischer Biochemiker, wies die Richtigkeit der von Watson und Crick entdeckten Doppel-Helix nach, stellvertretender Direktor des Biophysikalischen Laboratoriums des King's College, London. Nobelpreis für Medizin (1962).

Verzeichnis der Abbildungen

Schematische Darstellungen

science

Die Reihe rororo «science» bietet Lesern, die sich für Naturwissenschaft und Technologien interessieren, aktuelle und verläßliche Informationen. Die Autoren sind Wissenschaftler und Wissenschaftsjournalisten, die ohne Formelhuberei und Fachkauderwelsch, dafür mit Sachverstand, Witz und farbiger Sprache über verschiedene Bereiche der Forschung und deren Auswirkungen auf unser Leben berichten.

James Trefil
Fünf Gründe, warum es die Welt nicht geben kann *Die Astrophysik der Dunklen Materie*
(rororo science 9313)

Alexander R. Lurija
Das Gehirn in Aktion
Einführung in die Neuropsychologie
(rororo science 9322)
Der Mann, dessen Welt in Scherben ging *Zwei neurologische Geschichten*
(rororo science 9380)

Gero von Randow
Das Ziegenproblem *Denken in Wahrscheinlichkeiten*
(rororo science 9337)

Dietrich Dörner
Die Logik des Mißlingens *Strategisches Denken in komplexen Situationen*
(rororo science 9314)

Sebastian Vogel
Lexikon Gentechnik
(rororo science 9192)

Jean-Didier Vincent
Biologie des Begehrens *Wie Gefühle entstehen*
(rororo science 9383)

rororo sachbuch

David M. Raup
Der Untergang der Dinosaurier
Der Schwarze Stern "Nemesis" und die Auslöschung der Arten
(rororo science 9385)

Armin Hermann
Die Jahrhundertwissenschaft
Werner Heisenberg und die Geschichte der Atomphysik
(rororo science 9318)

Stephen W. Hawking
Eine kurze Geschichte der Zeit
Die Suche nach der Urkraft des Universums
(rororo science 8850)

Eckhard Grimmel
Kreisläufe und Kreislaufstörungen der Erde
(rororo science 9381)

James D. Watson
Die Doppel-Helix *Ein persönlicher Bericht über die Entdeckung der DNS-Struktur*
(rororo science 9570)

Hans Lauwerier
Unendlichkeit *Denken im Grenzenlosen*
(rororo science 9384)